# LESESTOFF NACH WAHL

---

*TEACHER'S MANUAL*

# LESESTOFF NACH WAHL

*TEACHER'S MANUAL*

URSULA THOMAS

*with the cooperation of Freeman Twaddell*

THE UNIVERSITY OF WISCONSIN PRESS

Published 1977
The University of Wisconsin Press
Box 1379, Madison, Wisconsin 53701

The University of Wisconsin Press, Ltd.
70 Great Russell Street, London



First printing

Printed in the United States of America

LC 76-11316
ISBN 0-299-07154-5

Acknowledgment is made to the following for permission to use copyrighted material: to Springer Verlag for "Das Bienenvolk" from the book Aus dem Leben der Bienen, by Karl von Frisch, copyright 1969; to the author, Hanne F. Juritz, for "Sie machten einen Bogen um mich," published in Westermanns Monatshefte, August, 1976. "Historische Entwicklung der organischen Chemie" is from Chemie 10, Volk und Wissen Volkseigener Verlag, Berlin, 1967; and "Gastarbeiter: die Kulis der Nation," by Michael Jungblut, is from Die Zeit, October 24, 1972.

To the many colleagues who contributed
in incidental and essential ways to the
development of this teaching/learning
program, and especially to Christine Boot,
whose help during the final revision was
crucial.

## Contents

**Lesestoff nach Wahl** was developed in response to student complaints that the readings being offered them in intermediate German courses did not fill their needs. In setting up the course in which these materials were developed, we found that scheduling difficulties made it impractical to follow the "track" system, and we undertook rather to cope with individual needs in each class of the multi-section course. In the chaotic first year (1972-73) all students were offered their unrestricted choice among all kinds of material available — grammar packets and readings from various areas — and allowed to work at their own pace. Since then the course, while still allowing choice, has become more structured, and procedures have been developed which take advantage of the variety of classroom patterns that have evolved.

In the format in which it is now being published, **Lesestoff nach Wahl** can either be used in a track system, with each class working through the **Einführung** during the first few weeks of the session and then proceeding, as a class, to one of the Collections: **Physik und Chemie, Mensch und Gesellschaft, Biologie, Literatur**; or it can be used as a package in one classroom, with each student making his choice of the text he wants to read after finishing the **Einführung**. This Teacher's Manual is designed especially to help you set up the latter kind of course.

It is self-evident that the attempt to become acquainted with several sets of materials and at the same time implement unfamiliar methods can be a perplexing and difficult experience unless step-by-step guidance is available for the first time or two that you use the new system. After you have become better acquainted with the methods and materials, you will want to branch out with ideas of your own, trying out different teaching/learning devices and producing new units along the line of your and your students' interests. For **Lesestoff nach Wahl** is meant to be an open, not a closed system.

The purpose of this Teacher's Manual, then, is to aid in the teaching/learning process by supplying you with ready-made teaching helps and ideas that you can follow, improve upon, and develop, to fit the needs of your class.

In addition to a sketch of the structure of the course (see below) for your information and as a guide in answering students' questions, the Teacher's Manual supplies:

**Activities:** descriptions and an array of examples of various kinds of procedures and devices that can be used, as assignments, and as activities in the classroom — general and specific questions, occasional cultural comments, topics for role-acting practice;

**Card games:** production and use of text-matching card-game materials;

**Tests:** materials for a testing program, with examples of items for use in four tests at specified points during the course, and suggestions for a final examination;

**Answers to Exercises:** answers to written exercises for the first eight units in each of the four Collections.

## Structure of the Course

There are two parts of the course: (1) the **Einführung**, the first component, which all students work through together, as a class; (2) the Collection chosen by the student, out of the four available, as the best preparation for his own anticipated field of interest.

## Einführung

The **Einführung** is both a review of previous work in German and a preparation for the more specialized work of the course — that is, the Collections.

It reviews the basic features of German grammar and some basic vocabulary. Each segment of reading is supplied with Notes on Language, Comments on Grammar, and an exercise. The device of phrase-by-phrase translation in parallel columns, used throughout the first sixteen segments, helps the student to review vocabulary items he has already met and to acquire new vocabulary without the time-consuming distraction of thumbing through a dictionary, while he concentrates on the review of grammar. Reasonably well-prepared college students can be expected to work through one of the segments (e.g. pp. 3-7 or pp. 9-14) as one day's assignment, with an occasional day for review and recapitulation.

The **Einführung** also presents, in very simplified format and with maximal aids to comprehension, examples of the German to be found in each of the four Collections. Thus it is a guide to a student's choice among those four fields. The note "To the Student" in the **Einführung** introduces the student to the format of that book and the total course and gives him some guidance in his selection of the Collection in which he will subsequently work. However, you will also want to see that selections are coordinated in such a way that you will have a smooth-running class. You will find several suggestions below under the heading "Transition to the Collections."

An important feature of the **Einführung** is the set of Grammar Reference Notes, pp. 121-163. These are referred to repeatedly in both the **Einführung** itself and in the Collections, always in brackets and with a paragraph symbol, thus: [§1.3.1]. For your convenience a more detailed list of contents than that provided for the Grammar Reference Notes in the **Einführung** is included on pages 197-200 of this Manual. You may find this useful when you want to refer students to relevant Notes instead of correcting all mistakes on their papers.

Class work in connection with the **Einführung** is not radically different from that of the usual intermediate German course. Aids provided in the Manual are: oral drills to supplement the written exercises, on the first fifteen pages of **Activities**; and two sets of testing materials, the first covering the first eight segments of reading (pp. 3-48), the second, the remainder of the readings, on the first four pages of **Tests**.

## Transition to the Collections

There are several principles to be followed:

1) Students who lack substantial preparation in the physical sciences should never select **Physik und Chemie**. The readings in **Biologie** are not so technical, but for them, too, some scientific background is necessary. See, for example, Unit 2 of **Biologie**, on **Kieferngewächse**, which was included for the sake of those students interested in acquiring some acquaintance with the technical vocabulary of botany.
2) Remember that your function is to be the expert in language,

not the subject-matter expert. Students who choose the science readings will often know a great deal more about the subject matter than you do; your task is to guide them through the intricacies of German syntax and help them develop their vocabulary resources.

3) If you are teaching these materials for the first time, do your best to restrict the number of groups to three. (A "group" consists of all the students working with the same Collection.) Three reading passages, three sets of activities, three sets of exercises per unit are quite enough to get acquainted with!
4) Avoid allowing a student to be the only one in a class to work on a given Collection. Individual work does not provide for the give-and-take necessary to practice communication. If at all possible, persuade such a student to join a group. He can then read the materials of his first choice later.
5) If one of the Collections is particularly popular in your class and there are more than eight individuals constituting one group, it is advisable to have them divide into two groups, especially when they are practicing speaking German with each other.

## The Collections

All four volumes are prefaced by a note "To the Student" — the same in all Collections —, which delineates homework and work in class and provides the learner with a number of study hints.

Each book of the four Collections consists of nine Units, which have parallel elements, so that the various groups can be engaged in parallel learning activities. The first element is a reading passage, provided with copious footnotes. This is followed by a set of questions in English, to guide the student in understanding the passage, and a set of questions in German, to direct the group in talking in German about the subject-matter. The Words and Word Families call the student's attention to vocabulary which occurs repeatedly and is therefore useful to memorize. All Units but the last of each Collection close with two exercise sheets: Übung A, common to all the Collections, and Übung B, which concentrates on grammar problems encountered in the current reading passage of the particular Collection.

Each of the Collections has two indexes, the first of which is common to all the books. This index provides the student with multiple entries to grammar topics discussed in the Comments on Grammar, the Notes on Language, and the Grammar Reference Notes in the **Einführung**. The second records all lexical items which occur in the footnotes and/or the Words and Word Families in that Collection. The vocabulary index may help the student when he has a distinct memory that he has seen a word before but cannot remember where, and it can serve as a study guide when he is reviewing for an examination.

The reading passages are line-numbered continuously through an entire Unit.* Thus references are made to Unit and line number, and pagination is not important.

Footnotes are copious enough to minimize the need for using a dictionary. However, since adult foreign-language competence must include the intelligent use of a bilingual dictionary, students should purchase at least a paperback of more than minimal

*Note: the poetry in the Literature Collection has its own line numbers.

size and learn to use it efficiently. They have to be introduced to the peculiarities of the German-English dictionary, and this should be done early in the work with the Collections, as an exercise in which the whole class takes part.

Procedures

Because the student is on his own for at least a part of almost every class hour, and because he is expected to develop skills beyond merely reading and answering questions on the readings in his book, progress through the materials is slower than the amount of reading might suggest. Usually, four days can be profitably spent on each Unit. Following is a typical four-day schedule:

Day 1: The assignment for Day 1 is to prepare the entire reading passage along the lines suggested in the statement "To the Student." (Occasionally, when time permits, you should allot a few minutes at the end of one Unit to the quick reading of a part of the passage of the following Unit to show the students that they really can extract some meaning from German without constantly looking up words in a dictionary.) Students spend Day 1 in their groups. They go over the questions in English at the end of the reading and help each other on any passages that have caused trouble. You may circulate among the various groups as a resource person for language problems. You will find some suggestions for group work under the heading "Introductory discussions with the groups" for each Unit in the **Activities** section of this Manual; these are provided so that you can anticipate some of the troublesome areas. Some of these suggestions are in the form of questions you can ask the group, to check their comprehension; others are tasks which can be performed in your absence, while you are working with another group. By the end of this class hour, each student should pretty well understand the passage. Even so, the assignment for each of the remaining days of work on the Unit should include a reminder to reread and study it.

Day 2: The assignment for the second day is Übung A. This day is spent with the entire class working together. Since Übung A is the same exercise in all Collections, the examples of grammatical structures are taken from all four, with the source marked for each example. The members of each group are held responsible for the translation of the sentences taken from their Collection. Sentences taken from Collections not represented in your class can be disregarded, or you may want to translate them yourself. It is not a good idea to assign those unfamiliar sentences to members of the class who are not dealing with that kind of material, because translating them would entail thumbing through dictionaries, an activity not to be encouraged.

Day 3: This is the day which requires the most creative teaching and creative learning. Many students will feel that by reading the text, answering the questions, and working through the exercises they have gotten the meaning for themselves; and that, they think, is enough. Now, however, they are asked to stretch their competence in German and learn how to communicate to others what they have been reading about. The first stage of this process is for the students to practice speaking German within the group, broadening and deepening their familiarity with the current passage, in preparation for the culminating activity of the Unit, as described in "Day 4" below.

It may be useful to start each group off with a plan for the class hour. Some teachers write out a brief schedule for each group, allotting time for each activity. Part of the schedule may be answering the questions in German toward the end of each Unit. As a supplement to or a substitute for that sometimes dull and repetitive activity, the plan may include some kind of game. The section **Card Games** contains texts and instructions for production and use of a variety of games, one of which has been constructed for each reading in Units 1-7. Usually the games can be used during the class hour without special preparation on the part of the students.

Another game activity is suggested in the **Activities** section under the heading "Roles to act out." If you decide to use these, you will probably want to give the students time to choose and prepare their roles, so that practice in class time will go more smoothly.

Some groups will respond better to playing a card game, some to role-acting, some to simply answering the German questions; in any case, the activities should be varied from Unit to Unit. As you progress through the materials, other ideas for oral practice in German will occur to you and your students.

Day 4: The assignment for this day (or for Day 3, whichever seems preferable to you and your students) is Übung B. This exercise cannot be discussed with the class as a whole, because it is different for each group, based on the group's particular reading passage. Therefore you will have to check it yourself. For your convenience in checking, answer sheets are provided in the last section of this Manual, **Answers to Exercises.**

During this class hour the students sit in pairs (or threes, if the numbers in the groups turn out to be uneven), so that each student is talking to a member of another group. Each then explains or narrates to the other what he has been reading in that Unit.

Most students react favorably to this activity. Faces that are expressionless during usual classroom routines light up; there is much gesturing, even laughing; occasionally an excited student may jump to the board to draw a picture, a diagram, a graph, or a chart to illustrate a point.

The only requirement is that students keep on speaking German. You will hear mistakes, lots of them, but this is not the time to correct them unless there is a case of gross misunderstanding or an appeal for help; if you interfere, the flow of conversation is likely to dry up, or the pair will shift to English as soon as you are out of hearing.

This practice is especially valuable because students are forced to tell someone else something that he had not known; they must learn to communicate.

During the last 15-20 minutes of the class period, each student writes a summary in response to one of two questions:

Was haben Sie Ihrem Gesprächspartner erzählt/erklärt? (To be answered in German)

What did your partner tell you? (In English)

[The choice between the two questions may be left to the students, or you may decide to assign one or the other. Later in the semester, both you and your students may prefer to have the second question stated and answered in German.]

The summaries should be handed in. The German reports are the more important ones, of course, for purposes of increasing language skills. They should be corrected with the emphasis on the grammar points that have been covered thoroughly. You may sometimes want to refer the student to the relevant Grammar Reference Note and have him correct his own mistakes.

* * * * * * *

The profusion of hints and suggestions in this Manual is not meant to overwhelm or restrict you, but to give you a reasonably wide choice of techniques and devices you may find suitable for use in your classes. Just as the students are given their choice of reading materials, you are given your choice of teaching techniques in the various aspects of the course. As you become more familiar with the books, you will certainly develop further procedures more congenial to you and better adapted to the needs of your classes.

# ACTIVITIES

Several kinds of optional classroom activities are described and illustrated on the following pages. The first fifteen pages are devoted to oral drills providing practice and review of grammar topics in the **Einführung**. The rest of the section contains suggestions for coordinating the work of the various groups.

Few foreign-language teachers have been trained to direct several groups of students, who are working simultaneously on different reading passages, in such a way as to assure efficient learning activities. Hence this Manual makes rather detailed suggestions for you to build on as you gather your own experience. The activities suggested have been tested in principle and in detail, but no claim can be made that they offer final or universal answers. The challenge of a program like this one is that as circumstances change, both teachers and students get additional ideas for making the learning process more efficient and hence more interesting.

In our own experience in learning to cope with the new classroom patterns, we have found that it is futile for the teacher to stand in front of a group of students and ask: "Are there any questions?" Almost certainly there will be none — and where do we go from there? Thus the "Introductory discussions with the groups" in each Unit specify some problems the students may have encountered: grammatical points or cultural facts; these are meant for direct discussion with the group. In addition, the "Introductory discussions" provide supplementary learning activities; these can be used in the classroom situation when you notice that, while you are working as resource person with one group, another seems to be stalled, with nothing to do. The quick assignment of one of the topics can keep that other group busy — and making progress — until you can give it your personal attention.

After the groups have become more familiar with the reading passages they are working on (usually on Day 3), they may be given a "Card game" based on the passage. Details of the production and use of the card-game materials are on pages
For your convenience in checking the order of the cards, the first few words on each card are printed in sequence in the **Activities** section.

A different kind of stimulus to aid students in practicing their speaking and understanding skills is role-playing. At the end of the Activities for each Unit, "Roles to act out" are supplied for most of the reading passages in the Collections.

Einführung

General, on-going activities, which may be carried on in connection with any of the assignments:

1 Check homework either orally or written on the board.

2 Have students read sentences aloud and check their pronunciation and intonation.

3 Have them cover the left-hand column and see how much of the German they can remember from the cues of the English translation.

4 Have them close their books and tell the story, each student contributing a sentence or two in sequence.

Oral drills: (Pages 3-7)

1 Read clauses aloud and have students identify the subject:
Independent clauses:

a Der Müller hatte eine schöne Tochter. (daß)
b Meine Tochter kann Stroh zu Gold spinnen. (wenn)
c Mir gefällt diese Kunst wohl. (daß)
d Da will ich sie auf die Probe stellen.
e Das Mädchen führte er in eine Kammer voll Stroh. (als)
f Rad und Haspel gab er ihr.
g Eine schöne Tochter hatte der Müller.
h Bis morgen früh mußt du dieses Stroh zu Gold verspinnen.
i Darauf schloß er die Kammer selbst zu.
j Da saß nun die arme Müllerstochter.
k Schnurr, schnurr, schnurr, dreimal gezogen, war die Spule voll.
l So ging's fort bis zum Morgen.
m Alle Spulen waren voll Gold. (als)

Subordinate clauses:

n daß er mit der Königin zu sprechen kam
o die mir wohl gefällt
p Als nun das Mädchen zu ihm gebracht wurde
q wenn deine Tochter so geschickt ist
r wie du sagst
s wie man Stroh zu Gold spinnen kann
t daß sie endlich zu weinen anfing

2 Have students make subordinate clauses out of some of the above independent sentences, using the conjunctions in parentheses at the far right.

3 Have them make independent sentences out of some of the subordinate clauses, e.g. n, p, s, t.

4 Read a few sentences aloud and give a cue for a change of subject:

a Deine Tochter ist sehr geschickt. (ich, du, wir)
b Der König gab ihr Gold. (du; transform to question: du?)
c Meine Tochter kann Stroh zu Gold spinnen. (du?, wir?)
d Du mußt sterben. (wir alle)
e Darauf schloß er die Kammer selbst zu. (ich, wir, sie pl.)
f Sie blieb allein darin. (ich, wir, du?)
g Hast du das Stroh zu Gold versponnen? (das Mädchen, das Männchen)

Make sure that students understand references in Notes on Language and Words and Word Families, page 4.

Oral drills: (Pages 9-14)

1 Have students identify whether the clauses are subordinate or independent and give the subject and inflected verb of each.

a Bei Sonnenaufgang kam schon der König. (als, daß)
b als er das Gold erblickte
c aber sein Herz wurde nur noch goldgieriger.
d die noch viel größer war
e wenn ihr das Leben lieb wäre
f Das Mädchen wußte sich nicht zu helfen. (warum)
g Da ging abermals die Tür auf.
h „Meinen Ring von dem Finger," antwortete das Mädchen.
i Der König ließ die Müllerstochter in eine noch größere Kammer voll Stroh bringen. (als, daß)
j wenn es dir aber gelingt
k als das Mädchen allein war
l Was gibst du mir?
m wenn ich das Stroh spinne
n wenn du Königin wirst

2 Have them make subordinate clauses out of some of the independent sentences, using the conjunctions in parentheses.

3 Have them make independent sentences: b, j, k, m, n.

4 Have them read sections of the story, changing past-tense verbs to present.

5 Ask questions or read incomplete statements to check that students are learning the Words and Word Families and paying attention to the Notes on Language, e.g.:

a Wann kam schon der König? (bei Sonnenaufgang)
b Was konnte das Männchen tun? (Stroh zu Gold spinnen)
c Das Mädchen mußte dem Männchen ihr erstes Kind _____. (versprechen)
d Der König _____ die Müllerstochter in eine Kammer voll Stroh bringen. (ließ)

Oral drills: (Pages 15-20)

1 Have students read sections of the story, changing past-tense verbs to present.

2 Have them give principal parts (Stammformen) of verbs:

sagen - antworten - sich erkundigen; bringen - denken - wissen; bleiben - reißen ; geben - treten - liegen; sprechen - helfen - sterben - erschrecken - kommen; spinnen - verspinnen - sich besinnen; lassen - anfangen - gefallen - halten - behalten - heißen.

[Make them aware of the classes of verbs in §6.2.1, and how they can be learned in groups.]

3 Have them make independent sentences:

a wenn es ihr das Kind lassen wollte
b daß das Männchen Mitleid mit ihr hatte
c wenn du meinen Namen weißt
d als am andern Tag das Männchen kam

4 Make subordinate clauses, starting with the conjunction in parentheses:

| | |
|---|---|
| a Sie brachte ein schönes Kind zur Welt. | (daß) |
| b Plötzlich trat das Männchen in die Kammer. | (als) |
| c Die Königin bot dem Männchen alle Reichtümer des Königsreichs an. | (weil) |
| d Du sollst dein Kind behalten. | (daß) |
| e Sie schickte einen Boten über Land. | (als) |

5 Which usage of **lassen** is represented in each of the following sentences: causal or independent? [Students may not know the vocabulary, but they must listen for the structure. You may want to translate what they do not understand, but only after the structure has been identified.]

a Der Student läßt einen Freund seine Übungen schreiben.
b Er läßt ihm aber nicht viel Zeit dazu.
c Ich lasse mir jede Woche die Haare waschen.
d Der Vater hat dem Sohn den Wagen für die Ferien gelassen.
e Das Männchen ließ der Königin ihr Kind.

6 English to German:

*until morning* - bis zum Morgen; *think of* - denken an; *The king is thinking of the gold.* - Der König denkt ans Gold.; *in a row, one after the other* - nach der Reihe her; *in the case of each one* - bei jedem; *in the case of each name* - bei jedem Namen; *something living* - etwas Lebendes; *something strange* - etwas Seltsames; *something beautiful* - etwas Schönes; *something unusual* - etwas Ungewöhnliches; *nothing unusual, etc.*

## Oral drills: (Pages 21-24)

1 Stammformen: Give the past tense, which occurred in the story; have them give all the principal parts.

kam - sah - brannte - hüpfte - hereintrat - schrie - stieß - hineinfuhr - riß

[Have them listen for stress to determine compound and prefixed verbs.]

2 Put into the perfect:

a Den dritten Tag kam der Bote wieder zurück.
b Ich sah ein kleines Haus.
c Das Männchen trat herein.
d Das Männchen stieß mit dem rechten Fuß tief in die Erde.
e Es packte den linken Fuß und riß sich selbst entzwei.

3 Put into the future:

a Neue Namen kann der Bote nicht finden.
b Die Königin ist froh.
c Das Männchen tritt in die Kammer herein.
d Es fährt bis an den Leib hinein.
e Es reißt sich selbst entzwei.

4 Have each student contribute at least one sentence to the retelling of the whole story.

Have them write a short summary of the story.

Oral drills: (Pages 27-30)

1 Check on case and number of each of the following nouns. [The number in parentheses refers to the segment in which the word is found.]

a Faser (1)
b USA - Markt (4)
c Ergebnis [§1.1.2] (5)
d Moleküle (7)
e man [§5.5.1] - Produkt (10)
f Zucker (11)
g Fäden (12, 14)
h Chemiker (18)
i Versuche (19)
j Material (21)
k Ansprüchen [§1.3] (25)

2 Go over the Notes on Language and explain that:

Das Nylon wurde hergestellt (2) = Man stellte das Nylon her.
Es wurde auf den Markt gebracht (4) = Man brachte es auf den Markt.
Das Produkt ließ sich zu Fäden ausziehen (12) = Das Produkt konnte zu Fäden ausgezogen werden.
Die Fäden konnten noch weiter gestreckt werden (14) = Die Fäden ließen sich noch weiter strecken.

[This is only a preview of the problem. Students will have to make similar transformations for themselves later in the course.]

3 Questions:

a Wo wurde Nylon zuerst hergestellt?
b Wann wurde es auf den Markt gebracht?
c In welchem Jahr haben die Chemiker angefangen, an dem neuen Produkt zu arbeiten?
d Was wollten die Chemiker mit ihren Versuchen erforschen?
e Wo findet man „Riesenmoleküle" in der Natur?
f Warum war das Produkt „wie geschmolzener Zucker"?
g Was konnte man nach dem Abkühlen mit den Fäden tun?
h Konnte man sie leicht zerreißen, nachdem sie weiter gestreckt wurden?
i Was fragten sich die Chemiker, als sie sahen, daß der Stoff elastisch und nicht leicht zerreißbar war?
j Wie lange arbeiteten sie daran?

4 Variations on a sentence (which you may want to write on the board):

Das veranlaßte die Chemiker, weitere Versuche anzustellen.

*The chemists tried to set up further experiments.*
*The chemists thought of* (dachten daran,) *setting up further experiments.*

*The chemists understood how* (verstanden es gut,) *to set up further experiments.*
*The chemists could set up further experiments.*
*The chemists wanted to set up further experiments.*
*The chemists were supposed to set up further experiments.*
*The chemists had to set up further experiments.*

Oral drills: (Pages 31-36)

1 Additional relative clauses (you may have to write some of the sentences on the board):

a Im Polymer bilden sich lange Ketten von Molekülen. Diese Moleküle haken sich zusammen.
b Das Polymer ist eine Flüssigkeit. Diese Flüssigkeit ist in der Hitze zäh.
c Die Fasern erhärten beim Abkühlen. Sie treten aus den Spinndüsen heraus.
d Kohle enthält Kohlenstoff. Die Kohle wird bei der Herstellung des Nylons gebraucht.
e Der König führte das Mädchen in eine Kammer voll Stroh. Das Mädchen wurde zu ihm gebracht.
f Das neue Material genügte allen Ansprüchen. An diesem Material hatten die Chemiker acht Jahre lang gearbeitet.
g Kohlenstoff, Wasserstoff, Stickstoff und Sauerstoff sind häufig vorkommende Elemente. Aus ihnen wird das Nylon hergestellt.

2 Restate the given sentence, preceding it with:
**Wir wissen, daß...**

a Das Nylon wird aus vier häufig vorkommenden Elementen hergestellt.
b Kohlenstoff ist in der Kohle enthalten.
c Bei der Herstellung des Nylons wird Erdöl gebraucht.
d Man verwendet in Amerika auch Maiskolben dazu.

3 Review prepositions followed by dative and have students find and read aloud prepositional phrases.

a aus vier häufig vorkommenden Elementen (1)
b aus Kohlenstoff usw. (2)
c Bei der Herstellung (10)
d zu großen Molekülen (15)
e beim Abkühlen (27)
f zu einem Faden (28)

4 Introduce prepositions followed by dative/accusative. Have students find and read aloud prepositional phrases, identifying case. Try to have them tell reason for each usage.

a in der Kohle (6)
b in der Luft (8)
c im Wasser (9)
d in großen Druckkesseln (20)
e in der Hitze (24)
f unter hohem Druck (25)
g auf drei- bis vierfache Länge (30)

5 Review idiomatic expressions with prepositions in Notes on Language, pages 10, 16, 21. Point out that **vor** in **vor Zorn**,

vor Schmerzen, etc., is followed by dative, although the case is not usually marked, because there is rarely an adjective or noun modifier preceding the noun.

6 Point out how the suffix -ung [§9.1.2.5] can be used to form nouns from verbs. Example:

**herstellen - die Herstellung**

Have students make nouns from verbs and give a possible translation.

a verwenden  b entstehen  c vereinigen  d prüfen

## Oral drills: (Pages 37-42)

1 Make independent sentences out of the relative clauses in Segments 2, 3, 13, 25, using the antecedent instead of the relative pronoun.

2 Make dependent clauses, each preceded by:

**Wußten Sie / Wußtest du schon, daß...?**

[To lend this practice a bit of realism, have a student address the question to a neighbor, the neighbor to answer either: "Nein, das wußte ich nicht." or "Ja, das wußte ich schon."]

a Chlor kann schädlich oder nützlich sein.
b Im ersten Weltkrieg wurden schreckliche Giftgase aus Chlor verwendet.
c Das Chlor ist eines der besten Hilfsmittel zum Schutz der Gesundheit.
d Chlor ist in vielen Desinfektionsmitteln enthalten.
e Eine geringe Chlormenge im Trinkwasser ist für den Menschen nicht gesundheitsschädlich.
f Chlor verbindet sich leicht mit anderen Elementen.
g Chlor kommt in der Natur nicht frei vor.
h Chlor kommt nur in Verbindungen vor.
i Kochsalz besteht aus Chlor und Natrium.
j Riesige Mengen Chlor sind in den Ozeanen enthalten.

3 Distinguish between compound verbs and prepositional phrases. Before giving the sentence, indicate the word the class is to listen for (underlined in the sentences below). The student identifies by giving the infinitive of the verb or repeating the prepositional phrase, whichever is appropriate. The vocabulary is sometimes unfamiliar, but students must learn to distinguish grammatical patterns from clues other than translated meaning.

a Ich fahre <u>nach</u> Frankreich.
b Die Katze läuft dem Hund <u>nach</u>.
c Ich sprach nicht <u>mit</u> ihnen.
d Er brachte seinen Paß <u>mit</u>.
e Wenn man <u>nach</u> dem Jahrgang gefragt wird, ...
f Wir müssen <u>mit</u> unserem Verhalten Gott beeindruckt haben.
g Mir fiel <u>auf</u>, daß ich immer viele Schweizer sah.
h Das Kind wächst in der Familie <u>auf</u>.
i Manche Fleischfresser nehmen auch Beeren und andere Früchte <u>auf</u>.
j Manche Pflanzenfresser sind <u>auf</u> bestimmte Pflanzenkost angewiesen.
k Manche Tiere haben sich <u>auf</u> den Fischfang spezialisiert.
l Das Produkt zieht sich zu Fäden <u>aus</u>.
m Wir fügen unserem Bild der Schweiz alles Positive <u>bei</u>.

Oral drills: (Pages 43-48)

1 Review the Notes on Language on page 32 and show how the present or the past participle is often "extended."

a das gewonnene Chlor - das durch Elektrolyse gewonnene Chlor
b das verwandelte Chlorgas - das in Flüssigkeit verwandelte Chlorgas - das durch Abkühlung oder durch Druck in Flüssigkeit verwandelte Chlorgas
c das in Form von Flüssigkeit verschickte Chlor
d das zum Bleichen benutzte Chlor
e das bei der Papierfabrikation in großen Mengen gebrauchte Chlor

2 Review the Comments on Grammar on pages 33,34 and have students restate some of the above extended adjective constructions as noun + relative clause.

3 Review the Notes on Language, page 43, and have the students translate into English the following and/or similar sentences.

a Beim Spinnen sprach das Männchen mit der Müllerstochter.
b Zum Spinnen benutzte es Rad und Haspel.
c Die Königin schickte Boten zum Herumfragen hinaus.
d Beim Herumfragen hörten die Boten keine neuen Namen.
e Beim Hereintreten fragte das Männchen: „Wie heiße ich?"
f Zur Herstellung von Nylon braucht man Erdöl.
g Bei der Herstellung des Nylons verwendet man Erdöl.

4 Additional passive sentences to restate as active:

a Chlor wurde zuerst von dem Chemiker Scheel dargestellt.
b Heute wird es billig und in großen Mengen aus Kochsalzlösung gewonnen. (man)
c Durch diese Lösung wird ein elektrischer Strom hindurchgeschickt. (man)
d Chlorgas kann durch Abkühlung oder durch Druck in Flüssigkeit verwandelt werden. (lassen + sich + *infinitive*)
e In dieser Form wird es in Spezialtankwagen verschickt. (man)
f Chlor wird zum Bleichen benutzt. (man)
g Besonders in der Papierfabrikation wird es in großen Mengen gebraucht. (man)

5 Active to passive:

a Man nennt dies Verfahren Elektrolyse.
b Im Jahre 1774 stellte man Chlor dar.
c Im Jahre 1810 stellte Humphry Davy fest, daß es ein Element ist.

6 Have each student make a statement about chlorine, or give them 10-15 minutes to write a few sentences about either nylon or chlorine.

Oral work: (Pages 51-56)

1 Have the class look at each occurrence of "Schweizer" and find the clues showing whether it is singular or plural. Segments 1, 8, 15, 21, 35, 39, 43, 48, 53.

2 Check antecedents of pronouns, then have students read sentences or sentence parts, substituting the antecedent for the pronoun. 36: ihnen. 37: sie. 42: ihn. 47 Er/sie. 50: ihnen. 52: sie.

3 Identify the tense of each verb.

4 Reread some sections in third person, e.g. Segments 20-26; 27-29; 34-39.

5 Principal parts of some prefixed and compound verbs, emphasizing stress: verbinden, ergeben, zerreißen, erforschen, versprechen, entstehen, erzählen; herstellen, vorgehen, zurücktreten, einfallen, aufschließen, einschließen, einführen.

6 Questions on the text:

a Welche zwei Welten gibt es für die Schweizer?
b Was ist für sie das Inland? Und das Ausland?
c Was kann passieren, wenn ein Schweizer im Ausland nicht aufpaßt?
d Wo tragen Schweizer ihr Geld, wenn sie im Ausland sind?
e Was erwartet der Schweizer, wenn er sagt, daß er Schweizer ist?
f Welches Gefühl hat der Schweizer, wenn er den Grenzübergang zwischen West- und Ostberlin passiert?
g Wo tragen die meisten Menschen ihren Paß, wenn sie vor einem Grenzübergang im Ausland stehen? Und die Schweizer?
h Welche Farbe hat der schweizerische Paß? Und der amerikanische?
i Was soll der schweizerische Paß für die Schweizer tun? Und der amerikanische für die Amerikaner?
j Wer steht an einem Grenzübergang und paßt auf die Pässe auf?
k Wer steht an dem Übergang zwischen West- und Ostberlin?

7 Personal questions:

a Waren Sie einmal im Ausland? Wo?
b Wo tragen Sie Ihr Geld, wenn Sie im Ausland sind?
c Wo tragen Sie Ihren Paß?
d Passen Sie gut auf Ihren Koffer auf? — Tragen Sie überhaupt einen Koffer? Vielleicht tragen Sie einen Rucksack?
e Wurde Ihnen einmal etwas gestohlen? Was, und wo?
f Ist es gefährlicher im Ausland oder im Inland?

Oral work: (Pages 57-61)

1 Work through 15-20 nouns in the text, identifying clues as to gender; after students have either identified positively or established ambiguity and the possibilities, have them repeat the noun with its definite article two or three times — some in chorus.

2 Review some of the nouns from previous Words and Word Families and be sure that students are learning the definite article with the noun.

3 Show how the classes of strong verbs help in learning principal parts. Have students repeat in chorus several of the verbs in one of the classes, e.g. biegen, bieten, fliegen, fliehen, frieren, kriechen, riechen, schieben, verlieren, wiegen, ziehen, fließen, gießen, etc.

4 Practice with some weak verbs as well, throwing in several verbs ending in **-ieren.**

5 On the basis of some of the patterns in the text, have students translate new sentences into German:

a *I experienced the Second World War as an adult.*
b *I experienced the Vietnam War as an adult.*
c *We didn't experience the Vietnam War as adults.*
d *The Vietnam War weakened our self-confidence.* (schwächen: *Show how adjectives can be changed into verbs.)*

6 Some classes need to be reminded that Bichsel is a satirist, that what he says about Switzerland is tongue-in-cheek. Inexperienced learners of a language tend to take everything literally and are unlikely to see clues to irony which more experienced readers easily discern.

Oral work: (Pages 63-68)

1 Review idiomatic expressions involving prepositions on pages 10, 16, 38, 64.

2 Make up phrases with **etwas, nichts, alles** + several adjectives: typisch, lächerlich, unabhängig, geschmolzen, frei, wichtig, kompliziert, vorgesetzt, etc. Some might be written on the board, to emphasize capitalization.

3 Ask some questions on the text, some personal questions if possible.

4 Comparative and superlative forms:
Supply: Das ist traurig. Have them translate: That is sadder. That is saddest.
Additional possibilities:
ein freies Land: a freer country; the freest country
eine einfache Leistung; ein gutes Hilfsmittel; eine bekannte Verbindung; unter hohem Druck, etc.

5 Sentences to be restated, beginning with the clause: **Ich habe mich/Wir haben uns angewöhnt,...** Example: You say: Wir sehen die Schweiz mit den Augen der Touristen. Student response: Wir haben uns angewöhnt, die Schweiz mit den Augen der Touristen zu sehen.

a Ich gebe meinen Koffer nicht aus der Hand.
b Wir geben unseren Koffer nicht aus der Hand.
c Ich trage mein Geld in Beuteln.
d Wir nähen unser Geld in die Unterwäsche ein.
e Ich spreche nicht mit den Ausländern.
f Wir tragen unseren Paß gut sichtbar.

Oral work: (Pages 69-74)

1 Practice with one way of expressing the negative of **müssen: nicht brauchen (+ zu)**. (Note that the verb **brauchen** is moving in the direction of the modal auxiliary. The double infinitive is firmly established, and in the "Umgangssprache" the use of **zu** is disappearing.)

Give a sentence with **müssen**. Have students give the negative, with **nicht brauchen**. Example:
**Ich muß das Geld umrechnen. / Ich brauche das Geld nicht umzurechnen.**

a Ich muß in der Schweiz leben.
b Wir müssen zu viel bezahlen.
c Die Schweizer müssen ihr Geld unter dem Hemd tragen.
d Bichsel muß ins Ausland gehen.
e Die Königin mußte ihr erstes Kind aufgeben.
f Ich habe in der Schweiz leben müssen.
g Bichsel hat ins Ausland gehen müssen.

2 Explain the meanings of **das Recht haben** and **dürfen**. Have students restate sentences. Example:
**Ich habe das Recht, hier zu bleiben. / Ich darf hier bleiben.**

a Der Schweizer hat das Recht, in der Schweiz zu leben.
b Bichsel hat das Recht, das hier zu sagen.
c Der Amerikaner hat das Recht, ins Ausland zu gehen.
d Nicht alle Ostdeutschen haben das Recht, ins Ausland zu gehen.
e Du hast nicht das Recht, so zu sprechen.
f Wir haben das Recht, eine politische Meinung zu vertreten.

3 Explain meanings of: **es fällt (mir) schwer / nicht können.**
Example: **Ich kann es mir nicht vorstellen. / Es fällt mir schwer, es mir vorzustellen.**

a Ich kann es nicht verstehen.
b Ich kann nicht davon begeistert sein.
c Wir können uns hier nicht zu Hause fühlen.
d Er kann sich nicht damit beschäftigen.

4 Phrases with **ohne...zu:**

a bezahlen b sich damit beschäftigen c hier bleiben d in der Schweiz leben e sich zu Hause fühlen f ins Ausland gehen

5 Game: Put questions on different-colored cards, enough of each to provide each student with a question. Hand them out at random, allow about five minutes for thought, then pair students off so that each of the pair has a different-colored card, and have them discuss their questions. Some suggested questions:

a Ist Bichsel ein patriotischer Schweizer? (white cards)
b Was ist der Unterschied zwischen Unabhängigkeit und Freiheit? (yellow)
c Lieben Sie die USA, wie Bichsel die Schweiz liebt? Warum oder warum nicht? (blue)
d Was für ein Land ist die Schweiz? Beschreiben Sie es! (green)
e Glauben Sie, daß ein Land wie die USA eine große Armee haben muß? (pink)

Oral work: (Pages 77-82)

1 A few questions:

a Ist ein Insekt ein Tier?
b Ist ein Fisch ein Säugetier?
c Ist ein Vogel ein Säugetier?
d Ist das Pferd ein Säugetier?
e Was für ein Säugetier ist das Pferd?
f Wovon ernährt sich regelmäßig ein Pflanzenfresser?
g Was frißt ein Fleischfresser? Und ein Allesfresser?
h Nennen Sie einige Pflanzenfresser! Einige Fleischfresser.
i Was sind einige der Unterschiede zwischen Pflanzen- und Fleischfressern?
j Frißt ein Pferd Beeren und andere Früchte? Frißt es Hafer? (S. 31,12)
k Frißt ein Löwe Fische und Schlangen?
l Frißt ein Bär Fische?
m Ist der Wal ein Fisch? Was ist er denn?
n Ist der Wal ein Pflanzen- oder ein Fleischfresser? (Die meisten Arten sind Fleischfresser.)
o Welche Sinnesorgane funktionieren besonders gut beim Fleischfresser?
p Gibt es mehr Fleisch- oder Pflanzenfresser in einem Gebiet? Warum?
q Wie leben die Fleischfresser — in großen Herden?
r Was ist der größte Fleischfresser unter den Landsäugetieren?
s Welcher Staat der USA hat viele dieser Tiere?

2 Pick several nouns, have students identify singular/plural, gender, and give clues. If gender is not identifiable, have them tell why.

3 Review comparative and superlative forms on page 66, then have students identify and translate orally comparatives and superlatives in Segments 22, 23-25, 31, 32, 39-41.

4 Toward the end of the period have the class turn to page 83 and read the three paragraphs without the aid of side-by-side translation, using the diagrams to understand. Then ask a few questions in English, some of which are to be answered from general knowledge, not just from the passage itself. This is to develop the habit of applying what the students already know to what they are reading.

a *To what general class of animals do rabbits and rats belong? (rodents)*
b *If "rodent" means "gnawing animal", what is this term in German?* (Nagetier)
c *What two kinds of teeth do rodents have?*
d *What is the word for "molar" in German?*
e *What is an essential difference between the gnawing teeth in rodents and human teeth?*
f *What kind of teeth does the horse have instead of the gnawing teeth of rodents?*
g *What is the word for "incisor" in German? And "canine" or "eyetooth"?*
h *What are the horse's incisors good for?*
i *Does the cow have as many teeth as the horse? Which ones does she lack?*
j *How does the cow pluck off grass?*

Oral work: (Pages 83-88)

1 Review the note on **zer-**, page 85, then give some new words, have students translate into English and give principal parts:

a zerbrechen b zerfallen c zerschlagen d zerschneiden e zerteilen f zerlesen

2 Review the distinction between the use of **sein / werden +** past participle and have students distinguish between the state and the process.

a Das Nylonsalz wird in großen Druckkesseln erhitzt.
b Die Flüssigkeit wird unter hohem Druck durch Spinndüsen hindurchgepreßt.
c Die heraustretenden Fasern werden zu einem Faden zusammengefaßt.
d Chlor ist in vielen Desinfektionsmitteln enthalten.
e Wir sind überzeugt, daß es unser Verdienst ist, verschont worden zu sein.
f Die Unabhängigkeit des Landes wird durch die Armee verteidigt.
g Mein Bürgerrecht, hier zu bleiben, ist garantiert.
h Ich bin mit der Schweiz beschäftigt.

3 Imperatives:

a bleiben - hier b helfen - dem Kind c sprechen - mit ihm
d telefonieren - mit ihr e sich an die Arbeit machen
f abbrechen - ein Stück Schokolade g essen - langsamer / schneller

4 Have students turn to page 89 and read the three paragraphs without benefit of English translation. Then have them close their books and answer questions in German:

a Ist die Katze ein Pflanzenfresser oder ein Fleischfresser?
b Hat die Katze gute Mahlzähne?
c Welches Tier hat gute Mahlzähne?
d Hat the Katze große oder kleine Eckzähne?
e Sind die Eckzähne beim Hund größer oder kleiner als bei der Katze?
f Welches Tier kann besser kauen: die Katze oder der Hund?
g Welches Tier hat größere Schneidezähne: die Katze oder der Hund?
h Wo lebt der Maulwurf: unter oder über der Erde?
i Was frißt er lieber: Pflanzen oder Tiere?
j Was für Tiere frißt er lieber: Mäuse oder Insekten?
k Hat die Spitzmaus Nagezähne?
l Ist die Spitzmaus eine echte Maus?

Oral work: (Pages 89-94)

1 Review page 43, then have students differentiate:

a zum Kauen - beim Kauen
b zum Packen - beim Packen der Beute
c zum Zerteilen - beim Zerteilen der Beute
d zum Abreißen - beim Abreißen von Gräsern
e zum Abnagen - beim Abnagen von Knochen
f zum Zerknacken - beim Zerknacken von Knochen
g Zum Abrupfen von Gräsern verwendet die Kuh die lange Zunge. Beim Wiederkäuen, das heißt, wenn die Kuh das Futter noch einmal ins Maul zurückbringt und wiederkäut, — beim Wiederkäuen legt sich die Kuh hin.

2 Have students make a few additional relative clauses:

a der unterirdisch lebende Maulwurf
b das die ganze Nacht durch arbeitende Männchen
c die auf bestimmte Kost angewiesenen Tiere

3 Point out the uses of **als**, §18.1. Then have students translate various phrases:

(Page 90) 6 als Waffe 15-16 anders...als 24 größer als
(Page 77) 4 Manche nehmen regelmäßig sowohl pflanzliche als auch fleischliche Nahrung auf.
(Page 69) 33 Ich bin nicht als Tourist hier.
(Page 3) 19 Als nun das Mädchen zu ihm gebracht wurde,...

4 Review the principal parts of a few verbs, laying special emphasis on stress:

unterscheiden, festhalten, zerreiben, zerreißen, abreißen, abbeißen

5 Have students turn to page 95. Before having them read this selection, explain the words **Rüssel**, **Keil**, and **-förmig**. This should be possible with drawings and gestures, without translation. Also call their attention to the hyphenation of the word **Backenzahn** in the fifth line from the bottom [§19.2.1]. After they have read through the passage, ask a few questions.

a Hat das Wildschwein Schneidezähne und Eckzähne?
b Hat es auch Mahlzähne?
c Wozu dienen die Schneide- und Eckzähne?
d Wozu dienen die Mahlzähne?
e Was für Nahrung nimmt ein Allesfresser auf?
f Was für Zähne hat der Mensch: Nagezähne? Schneidezähne? Eckzähne? Mahlzähne?
g Aus wie vielen Zähnen besteht das Gebiß des Erwachsenen? des Kindes?
h Wann brechen die Weisheitszähne gewöhnlich durch?

Oral work: (Pages 95-100)

1 After checking the homework, have students restate each of the conditional sentences, omitting **wenn** [§11.4].

2 Have them make some extended adjective constructions:

a das Aufwühlen des Bodens, das durch die starken Eckzähne erleichtert wird
b das Milchgebiß des Kindes, das aus nur 20 Zähnen besteht
c der Zahnwechsel, der im 6. Jahr beginnt
d die Milchzähne, die (nach und nach) durch bleibende Zähne ersetzt werden
e die Milchzähne, die im Verlaufe mehrerer Jahre nach und nach durch bleibende Zähne ersetzt werden

3 Have several of the more articulate students describe one of the animals from the last three selections, substituting **"dieses Tier"** for the name of the animal and have the others identify which one he is describing.

[The reading selection on pages 103-108 is the transition from the format of the **Einführung** to that of the several Collections. After getting into the story by means of the translated portion on page 103, the student should read through the entire selection without looking at the notes. Following the first reading he should turn to page 109 and see how many of the English questions he can answer. Then, using them as a guide, he should work through the story again, using the footnotes and, if necessary, a dictionary. This much work can be given as a first assignment for the section.]

Oral work: (Pages 103-108)

1 Ask the questions in German page 109, throwing in extras where necessary.

2 Have students give infinitives, then principal parts of verbs:

a stand (10) aufstehen
b ging (10) hingehen
c gab (11) geben
d blieb (20) stehenbleiben
e eintrat (23) eintreten *(Why is this compound verb written as one word? Where is the stress?)*
f zog (43) ziehen
g aufstand (44) aufstehen
h sieht (62) ansehen
i zieh (74) aufziehen
j stand (85) stehen *(Why is this the simple, not the compound verb?)*
k hielt (87) entgegenhalten
l mitgebracht (100) mitbringen
m goß (120) gießen
n tat (133) tun
o nahm (133) nehmen

3 Have students identify simple / compound verbs:

a stand (1) b stand (10) c sah (5) d sieht (62) e zog (43) f zieh (74)

4 Using expressions from the text as patterns, have students translate into German:

a Sie hielt ihren Teller Berta entgegen. (87)
*1 She held out her plate to her.*
*2 She held out her plate to him.*
*3 Mr. Sutor held out his glass to the girl.*
b Der Wein nahm ihr die Übelkeit.
*1 The wine took away his nausea.*
*2 The fondue took away her appetite.*
*3 The meal took away his appetite.*

5 Read Heine's poem with the students.

[Assignment: Übung, page 113.]

Oral work: (Pages 104-108)

After checking the homework and working with any exercise left over from last time, divide the class into groups of five and have them practice reading the parts: narrator, Mr. Sutor, Mrs. Sutor, Oskar, Magda. Encourage gestures, good expression. Go from group to group, listen, correct pronunciation, intonation where necessary.

[Assignment: pages 115-118.]

Oral work: (Pages 115-118)

After checking the homework, go back to pages 51-69 and give students direct statements to be restated in indirect discourse. Practice first with the informal, then with the formal forms.

Bichsel sagt:
a Ich bin Schweizer.
b Ich gehe nach Frankreich.
c Ich erwarte einen Ausruf des Erstaunens.
d Man empfindet Angst.
e Die Schweizer tragen ihren Paß in der Hand.
f Die Schweizer sind Antikommunisten.

Seine Mutter sagt:
a Paß auf!
b Gib deinen Koffer nicht aus der Hand!

Jemand fragt ihn:
a Woher kommen Sie?
b Sind Sie Schweizer?

Bichsel sagte:
a Ich bin Schweizer.
b Ich gehe nach Schweden.
c Ich sah an diesem Übergang viele Schweizer.
d Ich sprach nicht mit ihnen.
e Der Krieg hat unser Selbstbewußtsein gestärkt.
f Die Armee kann nur die Unabhängigkeit verteidigen.
g Politik ist zu kompliziert.
h Ich liebe die Schweiz.
i Ich werde in der Schweiz bleiben.
j Ich habe das Recht, hier zu bleiben.
k Ich bin nicht als Tourist hier.
l Es macht mir hier Spaß.

[Assignment: Distribute for preparation at home various questions or instructions: Beschreiben Sie Sutors Haus! Beschreiben Sie Marga! Erzählen Sie die Geschichte vom Standpunkt der Frau Sutor aus! Beschreiben Sie Bertas Arbeit an diesem Tag! Erzählen Sie die Geschichte von Bertas Standpunkt aus! Beschreiben Sie Oskar! Erzählen Sie die Geschichte von Oskars Standpunkt aus! usw. You may also want to have students memorize the Heine poem.]

## The Collections

For a full discussion of the four-day schedule for each unit, see the preface "To the Teacher" under the heading "Procedures." Below is the schedule in brief, with reminders and some specific suggestions for Unit 1.

Day 1: As you circulate among the groups, make sure that students understand how to use the footnotes, including references to the Grammar Reference Notes.
All groups will have a section of **Übung B** devoted to the prepositions followed by dative or accusative (this will also come up again in **Übung A** of Unit 2); thus you should probably devote part of the time with each group to that problem.
[Arrows in the margin indicate a new topic. Numbers refer to lines of text.]

Day 2: **Übung A:**
The exercise should be corrected in class. The main purpose of this exercise is to alert students to grammatical clues without reliance on knowledge of lexicon. Thus the division of labor might be: When a sentence involving, for example, biology is being treated, a member of a different group is asked to make the grammatical distinction, then a biology student translates the sentence for the rest of the class.
After the exercise has been completed, you may want to allow the class to finish some business from Day 1; or you might give a few extra sentences orally to "fix" their knowledge of the point; or you could set aside a part of this day for oral reports to which the entire class listens.

Day 3: Several different suggestions are made for this day: answering the German questions, a card game, or role-playing.

Day 4: This is the day when students from different groups pair off and talk to each other about what they have been reading. Since you should interfere as little as possible in the performance of students who are well occupied, you will have time to concentrate your efforts on two or three of those who have become bogged down.

[**Übung B** may be assigned for either Day 3 or Day 4. Answer sheets for the B Exercises are located in the last section of the Manual.]

Unit 1

Introductory discussions with the groups

Physik und Chemie:

→ 1 Have someone read the first sentence to check on the phrase: **des 17. Jahrhunderts.**
→ 10 usage of **wird** (§10.3, passive)
→ 40 **durch den**: by means of which (Page 40, **Einführung**)
→ Prepositions with dative/accusative:
4 **in das Unterbecken** (goal)
11 **im Oberbecken** (location)
13 **in kinetische Energie** (idiomatic: **sich umwandeln**)
18 **auf dem Satz** (idiomatic: **sich aufbauen**)
34 **in den vergangenen Jahrhunderten** (time)

Mensch und Gesellschaft:

→ 11 **nehmen**: Notice the meaning "take away," as in line 133, p. 107, Einführung: Der Wein nahm ihr die Übelkeit.
→ 31 **älter sind als**; 32 **stärker sein als**: Call attention to reference in footnote.
→ 47 **von der Psyche des Menschen**: It might need to be pointed out that **Mensch** means "human being," not "man."
→ 48 **bedarf** + genitive.
→ Prepositions with dative/accusative:
1 **an Kriegsfolgen** (dative, idiomatic: **sterben**)
17 **an die Wand** (goal, but here perhaps also idiomatic with **drücken**, since the action is metaphoric rather than real)
35 **in der Heilpädagogik** (location)
36 **in die Industrie** (goal)
42 **im Beruf** (location)
61 **an den Wert** (idiomatic: **glauben**)

Biologie:

→ 1 Have someone read the first sentence to check on the phrase: **des 17. Jahrhunderts.**
6 **des 17. und 18. Jahrhunderts**
→ 46 **deren**: genitive of the emphatic pronoun [§5.2]; point out that the genitive pronoun is used when the possessive adjective might be ambiguous: **Zellen, Baustein, Lebewesen, Träger, Lebensfunktionen** are all plural nouns to which **"ihrer"** might refer; **"deren"** can refer only to the last.
→ Prepositions with dative/accusative:
10 **über den Bau** (idiomatic: **wissen**)
19 **über die Zelle** (idiomatic: **Erkenntnisse**)
28 **in sie** (goal)
35 **in gesunden Zellen** (location)
43 **in den letzten Jahren** (time)

Literatur:

→1,89 Be sure students notice that "**brav**" does not mean "brave."
→ 53 **Tütlein:** Point out that a "**Tüte**" is a paper container in the shape of a cone, with the point at the bottom.
→ Prepositions with dative/accusative:
8 **an den folgenden Tagen** (time)
12 **an ihn** (idiomatic: **gewöhnt**)
61 **auf das Nachbardorf** (goal)
70 **in eine Reiterin** (idiomatic: **sich verlieben**)
76 **vor dem Alter** (idiomatic: **Angst**)
83 **in der Hand** (location)

The Poem:
The poetry included in this volume is to be read entirely at your discretion, or left to the desires of your individual students, if you prefer. Some teachers want to have nothing to do with poetry, others require students in the literature group to memorize at least one of the poems during the course of the semester. Some of these poems you may even want to reproduce and read with the entire class on an extra "catch-up" day.

Card games

[Texts for the card games are in the second section of the Manual. The initial words of the cards are printed in sequence, reading down the left column, then the right.]

Physik und Chemie:

1 Im 17. Jahrhundert
mobile zu bauen.
Vorrichtung
mit Wasser.
in das Unterbecken.
Wasser in das Oberbecken
das Wasserrad weiter
stehenbleiben.
der Energie, der
in das Oberbecken befördert
bleibt stehen.
in Wärmeenergie umgewandelt hat.
gar nicht angewendet
von potentieller Energie
in Wärmeenergie umgewandelt.
solche Maschinen bauen wollen.
zusätzliche Arbeit
kommt sie noch schneller
den grundlegenden Gesetzen
den Satz von der Erhaltung

Mensch und Gesellschaft:

1 Im Zweiten Weltkrieg
in russischer Gefangenschaft.
zurück und war nicht
Teil" der Familie.
stark und gesund war.
ihren Vater.
als ihr Vater.
falsche Vorstellung war.
Wand gedrückt hat.
anderen Ehen beobacht.
stärker ist, weil sie
der Stärkere ist.
sie sich ihm gern
von Beruf.
will sie ihren Beruf
der Ehe gerecht
Kinder haben, beides
den gesunden Menschenverstand
erhalten und geben.
richtige Liebe.
sie nicht auf der Sexwelle
eine gute Ehe führen,
auf ihre kleine Welt

Biologie:

1 Zu Beginn des 17.
die Zelle entdeckt.
die Bestandteile der
die im 19. Jahrhundert
begründeten die Zellenlehre.
mit sehr einfachen
daß wir heute so viel
auch die feinsten Bestandteile
sind für viele Gebiete

für die Erforschung
als gesunde Zellen.
die normalen Zellen
was diese krankhaften
muß man immer genauer
in der Landwirtschaft
um das Wachstum
in den Mittelpunkt
dem Menschen möglich sein,
wie die Nutzung der Atomenergie.

Literatur:

1 Es war einmal
einem Dorf lebte.
sie hatte keine Hefe
zum Bäcker gehen
aber er kam nicht
sie konnte ihn nicht
ihn zum Bäcker im nächsten
verschwunden.
ihren nichtsnutzigen
neuen nehmen können,
auf den alten.
alt würde.

ihr gefiel und den
keinen Hefekuchen mehr
einen Hefekuchen buk.
den Freier zum Bäcker.
zum Backen fertig.
eine Stimme, die sie
gerade jetzt erschienen
ihr entgegen.
die arme, brave, dumme
die lange, traurige, dumme
sie sich mit ihm wieder
Weil er nun einmal

Roles to act out:

Physik und Chemie:

Ein Erfinder / eine Erfinderin versucht, einen Beamten / eine Beamtin im Patentamt zu überzeugen, daß seine / ihre neue Vorrichtung wirklich nie stehenbleibt.

Mensch und Gesellschaft:

Ein Mann und eine emanzipierte Frau diskutieren das Fernseh-Programm mit Barbara Bauer.

Biologie:

Ein Biologe, ein Bauer und ein Arzt diskutieren die Bedeutung der Zellenlehre.

Literatur:

Einige Nachbarn besprechen die brave Frau: was aus ihrem Mann geworden ist, warum er nicht nach Hause gekommen ist, usw.

Unit 2

Introductory discussions with the groups

Physik und Chemie:

→ 4 gelangen / 19 gelungen: two different verbs.
→ Work with clues to gender and plural, and with subject of sentence. Point out that **man** is only nominative [§5.5.1].

Mensch und Gesellschaft:

→ Students may need cultural background to understand this little feature article taken from a newspaper. The fact that more Germans live out their lives in apartment complexes than do Americans should be explained; the difference between **Freunde** and **Bekannte** has to be brought out, along with the connotations of **Freundschaft, Freundlichkeit, Bekanntschaft.**
→ Show how students can expand their vocabulary through knowledge of derivational and word-formation processes. Have them translate a few:
Nachbar - nachbarlich - Nachbarlichkeit - Nachbarschaft.
Freund - freundlich - Freundlichkeit - Freundschaft.
Then have them make a few derivations/formations of their own and give a possible translation for the word:
27 gleichgültig (Gleichgültigkeit)
38 vernünftig (die Vernunft/Vernünftigkeit)
39 wirklich (Wirklichkeit); Teilnahmslosigkeit (teilnahmslos/Teilnahme)
45 niedlich (Niedlichkeit)
46 Gefälligkeit; 48 gefällig (gefallen)
51 eigentümlich (das Eigentum/Eigentümlichkeit)
53 anständig (der Anstand/Anständigkeit)
53 behutsam (Behutsamkeit)
63 gelassen (Gelassenheit = Ruhe)

Biologie:

→ 3 über den Winter, über mehrere Jahre: examples of the usage **über** + accusative [§1.2.3].
→ This reading passage illustrates how German words with everyday meanings are used as botanical terms; English-speaking scientists, on the other hand, created botanical terminology mainly from Greek and Latin stems. Students may be interested in knowing the ordinary meanings of words like:
9 Zapfen, Stand
12 Anlage
13 Knoten, Staub
14 Narbe, Griffel
→ Point out the numerous present [§9.2.8] and past participles used as adjectives in the "listing style" of lines 27-41.
→ 51 On a map of East and West Germany, point out the various mountain ranges of the **Mittelgebirge.**

Literatur:

→ The use of **hin-** and **her-** to indicate direction in relation to the speaker (or the one whose thoughts are being reported): hinüber (1), herauf (7), herüber (16), hinüber (49), herüber (81).

→ Go over questions in the footnotes, lines 25, 31, 32, 48, 50, 58, etc. (These are usually incorporated into Übung B, but in this case they were not.)

## Card games:

Physik und Chemie:

| | | | | | |
|---|---|---|---|---|---|
| 1 | H / Wasserstoff | 16 | S / Schwefel | 50 | Sn / Zinn |
| 6 | C / Kohlenstoff | 19 | K / Kalium | 53 | I / Jod |
| 7 | N / Stickstoff | 26 | Fe / Eisen | 74 | W / Wolfram |
| 8 | O / Sauerstoff | 29 | Cu / Kupfer | 80 | Hg / Quecksilber |
| 9 | F / Fluor | 41 | Cb / Niobium | 82 | Pb / Blei |
| 11 | Na / Natrium | 47 | Ag / Silber | 83 | Bi / Wismut |
| 14 | Si / Silizium | | | | |

Mensch und Gesellschaft (no checking needed)

Biologie:

1 gar nicht naß
trocken
feucht
reif
die Wurzel
die Rinde
das Blatt
der Stamm
der Ast
der Zweig
einhäusig
zweihäusig
der Nacktsamer
der Zapfen
der Bedecktsamer
die Samenanlage
das Staubblatt
der Blütenstand
das Fruchtblatt
der Fruchtknoten
der Griffel
die Narbe

Literatur (no checking needed for "Das Fenster-Theater")

Die Wallfahrt nach Kevlaar:

1 Die Wallfahrt
kranken Mann
Gretchen
will auch
eine Wallfahrt
die ihr ein Opferspend
und die Hand
ein Herz
der Marie zu Kevlaar
seinen Schmerz
ihr von seinem
sein krankes Herz
Marie im Traum.
über ihn und
verschwindet.
weckt die Mutter
er ist eben
nur durch den Tod

## Roles to act out:

### Physik und Chemie:

The card game lends itself to question-answer role-playing.

### Mensch und Gesellschaft:

Ein Mann spricht mit einem Nachbarn von dessen neuem Wagen.
Am Abend kommt ein Mann nach Hause, und seine Frau erzählt ihm, was alles geschehen ist.
Zwei Nachbarinnen besprechen ein neues Baby im Hause.

### Biologie:

Ein Professor im Forstinstitut erklärt einem Kollegen, einem Professor der deutschen Literatur, wie man unter den verschiedenen Kiefernarten unterscheidet.

### Literatur:

The card game is a role-playing game.

Unit 3

Introductory discussions with the groups

Physik und Chemie:

→ Note: The table on page 25 was photocopied from the textbook in which the reading passage appeared.
→ 11-25 Have students identify which are indicative forms, which subjunctive, and give reasons.
Identification: subordinating conjunction/adverb and tell clues:
19 als 20 Da 25 Damit
→ Note how adjectives are compounded:
28 materieerfüllt 40 strahlungsfrei
29 kugelförmig

Mensch und Gesellschaft:

→ The first of the reading passages appeared in a West-German newspaper, the second in a geography book used in East-German schools.
→ 1 Seit Jahren wird darüber geredet: a subjectless passive, limited to human activity (corresponds only to an active with man).
→ 4-7 Have students identify which are indicative, which subjunctive forms of the verb and give reasons.
Show students the difference between
a) the extended adjective/participle construction:
→ 8 einer...Untersuchung
39 einer...Gesellschaft
→ b) the adjective modified by an adverb:
37 der vergleichsweise kurzen Betriebszugehörigkeit
39 von meist kurzer Dauer
Rule of thumb: make a word-for-word translation of the construction into English. If the English is normal and respectable, it is not an extended adjective construction.
→ 59 Have students identify which are adverbs, which predicate adjectives.
→ Review identification of -er ending:
61 kleiner 79 fleißiger
67 großer 81 Größer
68 weniger

Biologie:

→ Have students (books open) make independent clauses out of a few subordinate clauses:
6 daß die Kenntnis der Ursache dieses Zusammenlebens wesentlich zum richtigen Verständnis der lebenden Natur beiträgt
10 mit dem wir uns beschäftigen müssen
27 von denen das Leben der Organismen in der Natur abhängt
31 in denen bestimmte Pflanzen- und Tierarten leben.
→ Show students the difference between
a) the extended adjective/participle construction:
32 die...Lebensbedingungen
49 einen...Aufbau

b) the adjective modified by an adverb:
27 die sehr komplizierten Gesetze
41 die dicht verwachsene Uferzone
Rule of thumb as above, Mensch und Gesellschaft

Literatur:

→ Have students (books open) make independent sentences out of subordinate clauses.
1 der mich zwar ernährt, mich aber zu [schlechten] Handlungen zwingt
2 die ich nicht immer reinen Gewissens vornehmen kann
8 die Hunde spazierenführen
10 daß er demnächst fünfzig Mark einbringen wird
→ Review stress in compound and prefixed verbs:

| | |
|---|---|
| 5 aufzuspüren | 1 bekenne |
| 8 spazierenführen | 14 erleichtert |
| 11 einbringen | 17 überwache |
| 52 stehenbleibt | 19 überliefere |
| 60 anmelden | 44 erinnert |
| 69 anzumelden | 72 verdoppele |

→ Point out unpreceded adjective in genitive [§4.7]:
3 reinen Gewissens 76 elastischen Geistes

Card games:

Physik und Chemie:

| | |
|---|---|
| 1 Wer entdeckte | In den sechziger Jahren |
| R. Mayer | 1814 |
| 1859 | Avogadro |
| Gay-Lussac | 1842 |
| Lavoisier | „Die Abstammung |
| Johann Gregor Mendel | Haber |
| Dalton | 1903 |
| Berzelius | 1913 |
| Mendelejew | An der Quantentheorie |
| Bunsen | 1896 |

Mensch und Gesellschaft (no checking needed)

Biologie:

| | |
|---|---|
| 1 Früher wurde | ein Teich |
| Selbstverständliches | eine Lebensgemeinschaft. |
| beschäftigen müssen. | durch die Bedingungen |
| den Wechselbeziehungen | verbunden, zu der |
| die Lebensäußerungen | eine untrennbare Einheit. |
| im Klassenzimmer | andererseits |
| die Pflanzen und Tiere | die Pflanzendecke |
| ähnliche Umweltbedingungen | nach den vorherrschenden |
| kleineren und größeren | Wohnraum und |
| verschiedener Tier- und | den Tieren eines Lebensraumes. |

Literatur:

1 Der Erzähler
er ist Angestellter
unangemeldeten Hunde
seine Hundesteuer
fünfzig Mark.
ein Hund noch unangemeldet
bald Junge
daß niemand
Pflicht und Liebe.
die er einfach nicht
der auch nicht
seine Frau und
hat als Hüter
dem Pluto das Fell
erinnert ihn an
einen langen Spaziergang.
die Hunde angemeldet oder
seinem Chef begegnet.
krault dem Pluto
setzt zum Sprung an.
was das Mißtrauen
hat dem Chef
er ist schon
er immer fleißiger
seine Situation

Roles to act out:

Physik und Chemie:

Lenard erklärt Rutherford seine Vorstellung des Atoms. Rutherford sagt ihm, was verbessert werden kann. Bohr erklärt den beiden, wie er sich die Sache vorstellt.

Mensch und Gesellschaft:

Ein Mann und eine Frau konstruieren einen Fragebogen für arbeitende Frauen in Ostdeutschland / Westdeutschland.
Ein Ostdeutscher / eine Ostdeutsche, ein Westdeutscher / eine Westdeutsche und ein Schweizer / eine Schweizer Frau bringen Argumente für das eigene Land und gegen die anderen Länder vor.

Biologie:

Einige Tiere, die um einen Teich leben: der Otter (ein Raubtier); die Bisamratte - muskrat (ein Nagetier); der Biber (ein Nagetier); das Stinktier (ein Allesfresser); ein Fisch; ein Vogel; der Waschbär - raccoon (ein Raubtier). Jedes Tier erklärt den anderen, was es frißt und wie schwer oder leicht es ist, seine Nahrung hier zu finden.

Literatur:

Der Hundefänger bekennt seiner Familie, daß Pluto nicht angemeldet ist. Seine Frau, sein Sohn und seine Tochter reagieren auf dieses Bekenntnis. Sie besprechen dann die schwierige Situation, in der sie sich befinden, und versuchen, einen Ausweg zu finden.

Unit 4

Introductory discussions with the groups

Physik und Chemie:

→ 2-25 Identify present and past participles. Which are used as modifiers of nouns? Which are part of a passive construction?
→ Have students look through the reading text and identify conditional clauses, noting if they have a) conditional inversion, b) **wenn** + final position of verb. (Lines 6, 12, 14, 37, 77.)
→ Call attention to **da** as subordinating conjunction [§18.2]. (Lines 9, 73, 121.)

Mensch und Gesellschaft:

→ 1-25 Identify the subordinate clauses. What word introduces each of them? What is the verb in the "final" position?
→ 30 Vielen Künstlern: Case? Why?
→ 33 daß dort nicht gearbeitet wurde: "Subjectless passive" as the passive counterpart of an active sentence with no accusative object and the subject **man**.
→ 39 radikal: Make sure this is not misunderstood as having the common meaning of "radical = revolutionary, anarchist."
→ 46,47 ja: sentence-adverb which implies that speaker and listener share the same information and opinions.
→ 62 wohl: sentence-adverb which implies that the speaker might change his opinion if further evidence required it.
→ 65 eines anderen: difference between "eine andere Tasse Kaffee" and "noch eine Tasse Kaffee."
→ 68 damaligen: example of adjective derived from adverb, like heutig-, hiesig- (hier), gestrig-.

Biologie:

→ 1-25 Identify the dative nouns and pronouns in this first section. What grammatical principles determine the use of the dative in each instance?
→ 28 Are the two occurrences of **durch** grammatically parallel? If not, what is the difference?
→ 40-41 Translate "dem...Merkmal."
→ 61-92 Give complete infinitive forms of treten (62), steht (64), nimmt (66), spricht (73), wird (75), entsprechende (77), überdeckt (78), bildet (79), trägt (82), dominiert (87), bezeichnet (90).
→ 93-101 List the prepositions, identify the case which follows each, and supply idiomatic translations of each phrase.

Literatur:

→ What is the present-tense form corresponding to each of the following? (Use the same number and person.) glaubte (1), hatte (3), sah (5), nannte (6), waren (7), glichen (8), wurde (9), führten (11), wußte (12), lasen (14), sagte (18), wollte (20), beschimpfte (21), fuhren (24), sprachen (25).
→ What are the antecedents? die (5), die (6), was (26), der (42).

→ Recast "Mörder...erkennen" (1-2) to begin with "daß"; "wurde...verhaftet" (9) to begin with "hat man"; "Waren wir...eingeladen" (27) to begin with "Wenn wir"; "Frauen...sein" (49) to begin with "man sagte, daß"; "als...gesehen (84-85) to begin with "als ob ich".

→ In the poem: List the phrases with preposition + dative. Which are phrases with prepositions that are always followed by dative forms? [§1.3.3] Which prepositions are sometimes followed by accusative forms? [§1.3.4 and §1.2.3]

→ Some of the students will be familiar with the symphonic composition known in English as "The Sorcerer's Apprentice" by Paul Dukas (1865-1935), which is based on this ballad by Goethe.

## Card games

Physik und Chemie:

1 Wenn ein fahrender
so werden die
einen Reibungsvorgang.
in Wärmeenergie umgewandelt.
an einer Kletterstange
mechanische Energie
von großer Bedeutung.
versetzt,
an mechanischer Energie
weitere Versuche
mechanisches Wärmeäquivalent

in Wärmeenergie umgesetzt.
einer anderen Energieart
aus dem Nichts.
und Wärmeenergie
so nimmt die
den ersten Hauptsatz
Energiearten allgemein
Energieprinzip genannt.
mehr Energie gewonnen als
die gesamte vorhandene
ändert sich nicht.

Mensch und Gesellschaft:

1 In den Jahren 1933
Wissenschaftler
Österreich,
Emigranten
worden,

Staaten
Einstein
viele Jahre
verstehen,
Menschen

Biologie:

1 Was war Johann Gregor Mendel
Er war Mönch
Er hat eine wissenschaftliche
Das ist die Art,
Ja, man hatte sich mit
Er fand den richtigen
Im Jahre 1865.
Nein, sie wurden von
Um 1900 von drei
Mendel ging von
Er erkannte gewisse

Ja, sie können heute
Mit Erbsen
Mit Bohnen.
Man muß einige Grundbegriffe
Das bedeutet die Kreuzung.
Man nennt sie die Gameten.
Man nennt sie die Eizelle.
Die Kreuzungspartner
Sie ist mischerbig.
Man nennt sie Mischlinge.
Man nennt es den Phänotypus.
Das ist die Gesamtheit

Literatur:

1 Der Erzähler
Händen, Massenmörder
Aquamarine
Ermordung
glauben, denn
Wochenende
die Stadt zur Arbeit
Familienvater
ausgehoben,
Orden für
Kindern, die

vorbei, als ob
zu zeigen, daß
Gericht kommen;
Vergangenheit
nicht wußte, was
verurteilt,
Lage gewesen;
geweigert,
nie in der Lage
Glück gehabt hatte
ihrem Mann und
alle Nachbarn

## Roles to act out

Physik und Chemie:

Joule und Mayer diskutieren, wie man das Verhältnis zwischen mechanischer und Wärmeenergie mißt.
Ein Techniker aus dem 20. Jahrhundert gibt Mayer und Joule weitere Beispiele von der Umwandlung von mechanischer in Wärmeenergie. Mayer und Joule stellen Fragen über Geräte und Vorgänge.

Mensch und Gesellschaft:

Das Jahr ist 1938. Zwei deutsche Emigranten in USA besprechen die Schwierigkeiten in Deutschland. Jeder sagt, wo er in Europa gelebt hat, bevor er nach Amerika ausgewandert ist.

Biologie:

Biologe A spricht über die Entdeckungen von Correns, de Vries und Tschermak. Biologe B erklärt ihm, daß Mendel schon 40 Jahre früher ungefähr dasselbe entdeckt hat.

Literatur:

Die Frau des Erzählers und die Frau des Kriegsverbrechers sprechen miteinander über ihre Männer und ihre Kinder während des Nachmittagsbesuchs nach dem Ende der Geschichte.
Der Richter fragt den Kriegsverbrecher, warum er während des Kriegs so gehandelt hat.

Unit 5

Introductory discussions with the groups

Physik und Chemie:

→ Have the group make three lists of phrases consisting of preposition + noun/pronoun: a) prep. + acc.; b) prep. + dat.; c) prep. + acc./dat., indicating for the third list which case for each occurrence. Have them explain difference between **auf** (3,4) and **auf** (6,8).
→ Most of the verbs in this unit are in present-tense form, describing conditions or processes that are (or are thought to be) true in general. A few verbs, however, are in the past-tense form. Have the students pick out the sentences with past-tense forms and use them to give the history of the research.
→ damit (10, 22, 38, 45, 70) [§18.3]: Have students identify and give clues: adverb, or subordinating conjunction.

Mensch und Gesellschaft:

→ Antecedents of pronouns: die (2), der (24), die (30), welcher (60), sie (67).
→ 7 Beiden ist zu verdanken [§7.5.3]
→ 7-8 daß nach Hitler...kann: Review Unit 4, line 33.
→ 19 einen anderen Text: Remind students of "eine andere Tasse Kaffee, noch eine Tasse Kaffee."
→ 36,37 What two words are used in the meaning of "about, approximately?" [etwa, rund]
→ 34-41 Can students identify the two genitives in these lines and explain why the genitive is used in each occurrence?
→ 65 Deutschland<u>s</u>, 70 Deutschland_: In a genitive construction article + descriptive adjective + neuter place name, modern German usage fluctuates between the ending -s and no ending. [Duden, <u>Grammatik</u>, 1973, §471.]

Biologie:

→ 14-15 wobei...werden: Recast into an independent sentence by beginning "Bei größeren Versuchsreihen..." [§17.2.2]
16-17 Recast infinitive phrase into independent sentence: "Mendel hat..."
27-28 Restate sentence beginning with "Ein angenähertes Verhältnis..."
65-66 Restate sentence, beginning with: "Die Elternformen..."
75-76 Recast relative clause as independent sentence, using the antecedent of the relative pronoun.
→ Identify genitive constructions, lines 2, 5-6, 9, 16, 30, 32, 37, 39, 39, 40-41, 43, 50, 52, 53, 61, 61, 92.

Literatur:

→ Translate into an idiomatic English equivalent to fit the context: einigem (1), Platz nehmen (3), so (11,12), zwar (20), mit (27), klein (31), mit der Verspätung (39), Mal (42), eben (67), gern...hätte (100).
→ Give the present-tense form corresponding to each of the following. (Use the same number and person.) tat (102), befahl (103), winkte (104), nahm (108), eilte (108),

kam (109), hatten (111), redeten (113), aßen (116), rechnete (118), spürte (120), korrigierte (124), hielt (129), ging (129), nachzog (136), blieb (147), dachte (157), wiederholte (167), unterbrach (176), schnitt (178), griff (179), hinderte (182), feuchtete (192), strich (198), erhoben (199).

→ Have students read sentences aloud and check especially for stress in compound and prefixed verbs: 135-137; 166-168; 171-179 have some useful examples.

## Card games

Physik und Chemie:

1 Bewegung der
erlaubte Kreisbahnen.
Absorption und
2 wenn ein Elektron von einer äußeren
3 wenn ein Elektron von einer inneren
4 erlaubt Kreisbahnen und

5 der Zahl der Elektronen
6 die Zahl der Schale,
7 die Zahl der Ellipsenbahnen
8 die räumliche Orientierung
9 die Drehbewegung
10 daß jedes Atom

Mensch und Gesellschaft:

1 Viele von den Deutschen
Konzentrationslager
diesem inneren Widerstand
dem KZ nahe.
Standgerichten
wahrscheinlich

Fall unter Tausenden.
Literaturkritik
KZ gebracht.
Deutschen die Annahme
KZ freigelassen,
Entwicklung der
politischen Kräfte

Biologie:

1 Das erste Mendelsche
die erste Kreuzung
die Kreuzung von
die $F_1$-Generation.
so erhält man
wie die ursprüngliche
die Anlagen beider
spricht man vom
dominante Merkmal

die Anlage zum rezessiven
der Pflanzen, die
sie tragen nur
ist auch wieder reinerbig
das Spaltungsgesetz.
einheitlich, sondern
unterschiedlichen
erhält man Neukombinationen.
das Unabhängigkeitsgesetz.
voneinander unterscheiden,

Literatur:

1 Der Erzähler
dem „Hahnhof"
Platz nehmen
sich auf die Sitzbank
was für Menschen
sie sich feiner benahmen,
er ziemlich klein war
bestellte zwei Mal Metzelsuppe
Teller, und beide
plötzlich auf und
schmeckte, hörte er
Frau habe recht.
Mann die Sache reklamiere.
herbeiwinken und
weg und brachte
verzehrten sie
sie von der ersten

schlecht gewesen sei,
zahlen,
sondern vier Teller
zu sagen, machte
den Geschäftsführer.
dem selben Topf
ihn ärgerlich anschaute,
die Herrschaften
alle vier Teller zahlen
mit einer Bewegung
aller vier Teller.
gegessen und wären
wieder in einen „Hahnhof"
Kellnerin zurückkommen.
ein, und die beiden
„Daß du so nachgeben
nicht mehr kämpfen zu müssen

Roles to act out

Physik und Chemie:

Drei Atome stellen sich vor: „Ich bin Hans Wasserstoffatom. Wer seid ihr?" — „Ich bin Helga Heliumatom." — „Ich bin Heinrich Lithiumatom." — Die drei Atome beschreiben ihre Eigenschaften.
Ein Chloratom und ein Natriumatom entdecken, daß sie füreinander geschaffen wurden.

Mensch und Gesellschaft:

Wir sind im Jahre 1950. Zwei Ehepaare, das eine Emigranten, das andere Widerstandskämpfer, sprechen darüber, was sie für die deutsche Kultur geleistet haben.

Biologie:

Jedes Mitglied der Gruppe wählt eine Pflanze oder ein Tier und erklärt, wie eine neue Form entwickelt werden kann.

Literatur:

Der Mann und die Frau sitzen in ihrem Hotelzimmer, und die Frau erklärt dem Mann, was er hätte tun sollen.
Die Kellnerin erzählt dem Koch, was eben geschehen ist.

Unit 6

Introductory discussions with the groups

Physik und Chemie:

→ 4 gelangt: Remind of Unit 2, lines 4 and 19.
→ 11,12 Luftdruck, hochgedrückt: Many weak verbs with umlaut are related to nouns or adjectives without umlaut: Farbe/färben; Name/nennen; klar/erklären; voll/füllen; Raum/räumen. See also §9.5.2.
→ Note differences in usage between **sondern** and **aber** (72, 76, 78, 79, 94, 107).

Mensch und Gesellschaft:

→ Relative pronoun, emphatic pronoun, or definite article? [§13.1.1-3]: dem (14), denen (20), die (24)
→ Antecedent?: sie (40), es (64)
→ 33 Leser: Singular or plural?
→ 35 die: Which noun does it modify:
→ 46 Translate: "leiden doch die Wahlen..."
→ 67 Restate the relative clause "welche..." as an independent sentence, using the antecedent of the pronoun.
80 Restate "die..." as an independent sentence.
117 Recast "Dieser...Typus" as a sentence.

Biologie:

→ Analyze the following compound nouns into their constituent parts. [§16.1.1-7] Give the meaning of each separate part if you know it; otherwise, try to guess. Milchtrinker (5), Nahrungsmittel (7), Kleinkindalter (9), Abkömmlinge (10), Mehrzahl (11), Fachleute (17), Wissenschaftszeitschrift (18), Kinderheilkunde (19), Erwachsenenalter (30), Entwicklungsländer (33), Schlüsselrolle (35).
→ What is the gender of each of the following nouns? — Or which of two genders? Evidence? Frauenmilch (39), Milchzucker (42), Körpers (47), Enzym (54), Abschnitt (64), Dünndarms (65), Ausnahme (87), Milchsäure (106), Ausmaß (116), Dünndarm (116), Eigenschaft (136)

Literatur:

→ Review §8.1.2.1-6. Then specify the kind of sentence element which precedes the verb + subject sequence: "sind die Begriffe" (1), "enthalten sie" (5), "spricht ein...Ich" (7), "besteht ein Abstand" (14), "erfährt die Sprache (116)
→ Antecedents? sie (5), der (14), seinem (17), was (25), deren (27), welche (44), sie (59), diese (59), die (68), ihr (76)

## Card games

Physik und Chemie:

1 Um ein Barometer
eine Pumpe, eine
an die Röhre an.
steigt das Quecksilber
gelangt über den Hahn,
ein luftleerer Raum.
sondern vom Luftdruck
Glühfäden, durch die
besitzen, die

eine Pumpe, eine 40
dann setzt man
bildet sich ein
wird das violette
zerfällt das Band
zu leuchten.
Leuchterscheinungen
fließt kein Strom
daß stark verdünnte
ein Nichtleiter.

Mensch und Gesellschaft:

1 Erst im Jahre 1971
Frauen in der Schweiz
die Frauen in den Vereinigten
Wählern (das hieß t,
in allen kantonalen
kein Stimmrecht aus.

nach Hause, um
seine Steuern nicht
das Geld sehr ernst.
„Stimmzwang", das heißt,
in diesen Kantonen
Stimmbeteiligung,
die Jugend politisch

Biologie:

1 Es war immer
Milch „das wertvollste
nur bedingt.
Europäer und deren
größere Mengen Milch
nicht glauben wollten.
waren schon lange
„einer Art von Chauvinismus"
spielt der Milchzucker.
im Körper verarbeitet
auf, dieses Enzym
so kann der Körper

Bauchschmerzen und
kann sie die Koppelung
Blutstrom und werden
Laktase im Körper
krankhafte Ausnahmsfälle
untersucht worden.
sehr wenige Erwachsene
die Fulbe
Laktose-Intoleranz
als Erwachsene noch
gibt es zwei mögliche
die viehzuchttreibenden Weißen

Literatur:

1 In der Lyrik
mit dem Ich des Lyrikers
und zugleich allgemein
Welt und spricht
Rede, ein Stück lautgewordener
sich die Lyrik
als auch Stimmung
Einmaliges fest, das
der Raum der Lyrik.
sagt sehr viel
von (einem) anderen
Hörer der Geschichte.
Werk erschaffen hat;
direkter und halbdirekter

sondern auch das Gedankenreferat,
in ihrer ganzen Reichhaltigkeit
Abenteuer seines Helden.
auch gegenwärtige und sogar
Außenwelt gebunden:
möglichst viel;
selten vor.
zwischen dem Helden
teil; gleichzeitig aber
in diese Welt ein
die Dialoge der handelnden
Wirklichkeit und damit
hörbar, und dadurch
sich unmittelbar vor unseren
unterscheiden, können die Stilzüge

## Roles to act out

### Physik und Chemie:

Jedes Mitglied der Gruppe nimmt einmal die Rolle des Professors. Der eine erklärt, wie ein Quecksilberbarometer gebaut wird, der zweite, wie eine sogenannte „Neonröhre" funktioniert usw. Die anderen spielen dann Studenten, die nichts davon verstehen, die die dümmsten Fragen stellen.

### Mensch und Gesellschaft:

Wir sind im Jahre 1970. Zwei Schweizer männlichen Geschlechtes diskutieren die Frauenbewegung in Europa außer der Schweiz. Der eine ist ein älterer Herr, der andere etwa 25 Jahre alt.

Ein Ehepaar aus Aargau ist bei einer Familie in Obwalden zu Besuch. Der nächste Tag ist ein Wahltag. Der Mann und die Frau erklären, daß sie nach Hause fahren müssen, um an der Wahl teilzunehmen. Ihr Wirt und ihre Wirtin versuchen, sie zu überzeugen, noch einen Tag da zu bleiben.

### Biologie:

Eine Frau aus dem Senegal erklärt einem Peace-Corps-Entwicklungshelfer, daß Milchpulver ihrer Familie gar nicht bekommt.

### Literatur:

Jedes Mitglied der Gruppe wählt ein Gedicht im Buch und erklärt den anderen, welche Teile des Gedichts lyrisch sind, welche Teile episch, welche Teile dramatisch.

Unit 7

Introductory discussions with the groups

Physik und Chemie:

→ 1 höh-er-em [§4.8.1.3 + §4.8.2]
→ 3 Ob...wird?: It is fairly common usage to omit the introductory independent clause before **ob**. This might be something like: "Wir fragen uns,..." "Ich möchte gerne wissen, ..." "Es ist nicht ganz klar,..."
→ 16-23 Identify the grammatical function of the first element of each sentence.
→ Identify the form and give the infinitive of the following verbs: verschwand (1), begannen (2), führen (4), angeschlossen (7), abgeschaltet (12), aufgestellt (13), wiederholt (14). Have students read the sentence in lines 11-14 and check the stress in the three past participles.
→ 53 durchdringen: Compound or prefixed verb? Evidence?
54-56 Identify function of **-er**: adjective ending or mark of comparative?: geringer (54), höherer (55), schwerer (56).
→ 61-64 Recast the first clause, using the construction **können** + passive; restate the second, replacing **vermögen** with **können**.

Mensch und Gesellschaft:

→ Recast the following subordinate clauses as independent sentences, including antecedents of pronouns:
37-38 die...stehen
60 dieser...er hat
77-79 die...sind
80-81 die...ist
→ Recast as active sentences:
46-47 ...sein Fleiß...mißbraucht
48 das Volk...betrogen (man)
48-51 Die edlen...gestellt
99-100 Sozialismus...vereinigen (man kann)
→ Students may be interested in noticing how many words that evoke strong emotion are used in this passage. Have each student make three columns on a sheet of paper headed: negative - indifferent - positive. Read the list below and have each student make a check in the column which best reflects his feelings about the word. In the discussion following the checking of first reactions it may be discovered that differences are due to differences in attitude, or to misunderstanding of meaning.

1 Heimat (3)
2 Vaterlandsliebe (3)
3 Hoffnung (5)
4 Frieden (6)
5 Humanität (7)
6 schöpferisch (21)
7 Liebe (24)
8 Haß (27)
9 Feind (27)
10 Militarismus (32)
11 Krieg (32)
12 Demokratie (33)
13 Sieg (34)
14 Niederlage (34)
15 Opfer (34)
16 aufrecht (36)
17 Gerechtigkeit (39)
18 Glück (39)
19 Imperialisten (41)
20 Not (42)

21 Unglück (42)
22 begabt (43)
23 fleißig (43)
24 mißbraucht (47)
25 betrogen (48)
26 edel (48)
27 schmählich (50)
28 Gewalt (51)
29 bitter (52)
30 verlogen (53)
31 zuverlässig (61)
32 Talent (69)
33 Revanchepolitik (71)
34 Ausbeutung (71)
35 faschistisch (74)
36 Verbrecher (74)
37 mutig (77)
38 Lippenbekenntnis (83)
39 überschwenglich (83)
40 Schwärmerei (83)

→ Have students skim lines 99-155 and find about five additional emotionally-loaded words.

Biologie:

→ Give the past participle form of each of the following verbs. (Watch for the separable components of compound verbs.) finden (5), leben (7), dringen (9), unterscheiden (14) entziehen (16), assimilieren (17), entnehmen (18), wachsen (23), kommen (28), gehört (34), besitzen (37), klettern (38), bringen (38), stellt (43), nutzen (48), bedrängen (50), durchzusetzen (58).

→ Identify dative-case forms and explain them as indirect object, sole object of some verbs, object of prepositions governing the dative only, object of prepositions governing dative or accusative to indicate location, or referring to a person affected by a situation or action. [§1.3.1-5] Examples: Tieren (69), Vorkommen (73), Tierstämmen (74), Farbensinn (88), Fällen (90), Bedeutung (91), ihr (97), Erhaltung (101), Pflanzen (104), Beispielen (105), Feinden (128).

Literatur:

→ Find and explain genitive-case forms, lines 1-19: seines Meisters (1), eines Arbeitstages (2), der neuen Montagehalle (4), des Meisters (12), seines Meisters (15).

→ 29 Ob sie Bier trinken?: It is fairly common usage to omit the introductory independent clause before ob.

→ 60-75 Recast as independent sentences: warum...gehen (60), der...abnimmt (68), ob...ist (74)

→ 86 Recast "Vielleicht...mache" to begin with "mache."

→ The story is told on two levels: 1) an objective account by an observer, and 2) Egon Witty's thoughts. Of which style are these characteristic? Find the sections that tell what Witty is thinking to himself. (21-45, 51-59, 64-92, 96-132, 134-135, 160-181, 184-185)

## Card games

Physik und Chemie:

1 Im dritten
im grünen Licht
verursacht wird,
aufstellt, sieht
eine hohe Geschwindigkeit.
stark und schwer
aus Wolfram.
zwischen Kathode
Wucht auf die

Röntgenstrahlung
auch undurchsichtige
treffen, senden das
Metallkreuz
des Kreuzes besitzt,
evakuierten
fotografieren.
leicht, die
Schatten auf
entdeckte diese

Mensch und Gesellschaft:

1 Die Deutsche Demokratische
Arbeiter und Bauern,
Vaterland und ist
die Vollendung des
Kraft und Fähigkeit
Arbeitern, Bauern und
Haß gegen die
Schlußfolgerung für
Demokratie und Sozialismus
an der Spitze der DDR.
Frieden und Gerechtigkeit
Junker und Großgrundbesitzer
Nazis, die in
zur Feindschaft gegen

wie der gute Deutsche
dem ganzen Volk.
mit der Wurzel ausgerottet.
selbst oder nur durch
deutschen Staaten herstellen
der westdeutschen BRD,
Westdeutschland können
Umwälzung in Westdeutschland
den gleichen langen
friedlichem Wettbewerb
in den bewaffneten Organen
Gesellschaft mit
zu schützen und das
ist sie bereit, den Feind

Biologie:

1 „Symbiose" bedeutet:
Zusammenleben zweier Lebewesen
einem Schmarotzer und
zwischen Vollschmarotzern und
Blattgrün; sie ernähren
entziehen aber ihren
Misteln, die auf Laub- und
gelbbräunliche Farbe und
können ihre Blätter und
Konkurrenz miteinander,
als solche, deren
Beziehungen zwischen

Nahrungsgrundlage.
immer in dieser Kette
an bestimmte
sie auch die Blüten
Geruchssinn ihrer
die Tiere auch
nicht mehr leben
diese Pflanzen
Konsumenten gleicher Stufe
Konsumenten höherer Stufe
Produzenten oder
diese frißt die

Literatur:

1 Egon Witty war
großen Fabrik.
verdienen und besser
einem halben Jahr
der Bürotür seines
Meister zu sein
„Herrn Witty"
bessere Wohnung
gehen (wenn sie
Mopeds — einen
Nachteile dabei.
großen Betriebs

sondern auch
dieser Verantwortung.
sich nehmen könnte.
sie ein besseres Leben
dem alten Meister
träumte, öffnete
erschien;
Nachrichten:
Meister werden.
seiner Angst.
Zeichnungen vergessen
Selbstvertrauen gefunden.

Roles to act out

Physik und Chemie:

Eine Zahnärztin erklärt ihrem Assistenten, wie er sich schützen muß, wenn er ein Röntgenbild aufnimmt.
Ein Mitglied der Gruppe erklärt den anderen, wie der Versuch mit der Schattenkreuzröhre durchgeführt wird.
Ein Mitglied der Gruppe bringt eine Glimmlampe mit und erklärt, wie sie funktioniert.

Mensch und Gesellschaft:

Jedes Mitglied der Gruppe wählt sich eine Rolle: Amerikaner/in, West- oder Ostdeutsche/r, ein Mann oder eine Frau aus der Schweiz. Der Amerikaner / die Amerikanerin will Europa besuchen, und jeder Europäer sagt ihm/ihr, warum er/sie sein Land besuchen soll, was dort zu beobachten ist. Der Amerikaner / die Amerikanerin stellt viele Fragen und sagt, was er/sie von den drei Ländern hält.

Biologie:

Eine Pflanze klagt darüber, daß ein Tier sie frißt. Das Tier erklärt der Pflanze, daß es ihr auch dient.
Eine Mistel spricht mit ihrem Wirt, einem Apfelbaum.

Literatur:

Egon Witty hat seiner Frau gesagt, daß er die Stellung als Meister nicht übernehmen will. Frau Witty schimpft auf ihn.
Es ist Ende April 1945. Ein deutscher Soldat — der später Wittys Chef sein wird — sieht die Russen auf ihn zukommen. Er spricht seine Gedanken vor sich hin. Dann spricht ein Russe ihn auf deutsch an.

Unit 8

Introductory discussions with the groups

Physik und Chemie:

→ 7 die: Antecedent? "Fülle" or "Verbindungen"? Evidence?
9 sie: Antecedent? "Natur" or "Stoffe"? Evidence?
→ 24-26 What verb goes with "würde"? With "werden"?
→ 37 wie: How would this be translated into English? What is the usual English translation?
→ 43 Usual meaning of "treffen"? Of "zu·treffen"? (Importance of separable components of compound verbs.)
→ 54,55 gleichartig, gleichwertig: Which is quantitative, which qualitative?
→ 64 Widerspruch: With what verb in the preceding sentence is this noun related? Translation into English?
→ Abb. 4 Würfel: The students will probably be able to identify the verb to which the noun is related. They may also be interested to know that its original meaning was "die," a "Mittel zum Werfen," and that only in the late 15th century did it come to have the meaning "cube."

Mensch und Gesellschaft:

→ Is each of the following nouns singular or plural? What is the grammatical evidence in the context?
Volke (3), Fassung (5), Ländern (7), Grundgesetze (14), Gesetze (17), Staatsbürger (17), Ämter (21), Befehles (26), Briefgeheimnis (33), Presse (46), Bundesversammlung (77), Bundesheeres (94), Mitglieder (111), Einwohnerzahl (122).
→ Two or three students in the group skim the passage and write down all compound nouns beginning with "Bund", two or three others, all those beginning with "Staat" or "Land/Länder."
Bund: Bundesverfassung (4), Bundesstaat (6), Bundesrat (63), Bundesländer (71), Bundesversammlung (76), Bundespräsident (81), Bundeskanzler (88), Bundesgesetze (93), Bundesheeres (94), Bundesregierung (102), Bundesminister (104).
Staat: Staatsgrundgesetze (13), Staatsbürger (16), Staatsgebietes (36), Staatsverträge (89), Staatsoberhaupt (96).
Land/Länder: Länderkammer (70), Landtagen (72), Landeshauptmänner (90), Landesregierung (116).
On the basis of these lists, can the students make any hard-and-fast generalization about the use of the -s-/-es- joining element? (When they come to the conclusion that caution is called for, that discovery is just as significant to language learning as the establishment of a rule.)

Biologie:

→ Classify the following verbs as regular weak [§6.1.1], irregular weak [§6.1.2], modal auxiliary [§6.1.3], strong [§6.2.1], irregular strong [§6.2.2]: erreicht (3), bezeichnen (4), gestört (4), ändert (4), kann (6), auftreten (7), hat (8), ernähren (10), vermehren (12), führt (12), wird (13), wiederhergestellt (14), finden (16), besteht (17), anrichten (19), versucht (19), verhindern (19), eintritt (20), bekämpft (21), gilt (21), bemüht (25), durchzuführen (27), schädigen (28), vernichten (29), schonen (30).

→ 31-51 Identify the accusative-case forms and give the reason why the accusative is used: Gifte (33), Kulturpflanzen (37), Lebensbedingungen (42), Vernichtung (43), Hilfe (45), Schädlingsbekämpfung (46), Wirkung (47), Tierarten (50).

Literatur:

→ On the basis of grammatical evidence in the context, identify the following nouns as clearly feminine, masculine, neuter; either masculine or neuter: Duft (1), Herz (3), Welle (3), Waldes (6), Wald (7), Wesen (10), Geist (11), Kühnheit (12), Feind (15), Warnung (15), Geräusch (17), Rast (19), Blick (20), Wiese (20), Gipfel (22), Ziel (22), Vaterland (27), Wortschwalls (29), Felswand (33), Pfad (40), Spitze (42), Haupt (43), Geist (44; compare line 11), Heimat (46).

→ 53 als wäre es: Alternative construction with the same meaning?

→ 70 Sterbliche: sing. or pl.? Schritt: sing. or pl.? How is the apparent discrepancy to be explained? (Compare: Im Lift nehmen alle Herren den Hut ab.)

→ 76-169 What is the present-tense form corresponding to each of the following? — Use the same number and person. erwiderte (76), war (80), sahst (83), sah (85), trieb (103), emporstieg (112), klang (112), erhob (115), ward (118), umgab (118), begriff (118), dalag (122), blieben (123), rannen (124), stand (125), konnte (130), beschloß (130), rief (138), durfte (158), mußte (158), wankte (165), glitt (165), stürzte (166).

In lieu of card games or role-acting:

Have each group, working with books closed, one student acting as secretary, make a composite summary of the reading passage. If time permits, have one or two of the summaries read aloud to the whole class. Students should then be encouraged to ask questions about anything they do not understand.

## Unit 9

### Introductory discussions with the groups

**Physik und Chemie:**

→ 1-3 Restate the sentence, beginning with "Wir sprechen" and introduce the subordinate clause with "wenn."
→ 4-5 Restate the sentence, beginning with "Wenn die Doppelbindungen...werden, reagieren..." and omitting "bei der Polymerisation."
→ 11-14 Restate the sentence, beginning with "Man erhält."
→ 59-92 Identify (a) the noun + genitive constructions, (b) the noun + von + dative constructions.
(a) Milchsaft zahlreicher Pflanzen (59), Gewinnung des Naturkautschuks (64), Elastizität des Kautschuks (72).
(b) Anlagerung von Schwefel (83), Abspaltung von Wasserstoff (91).
→ 67,68 Restate the sentence, substituting "kann" for "vermag."
→ 68-70 Translate the sentence: "In ihr...enthalten."

**Mensch und Gesellschaft:**

→ Full-sentence answers to the following questions require recasting of sentences, phrases, or clauses.
Welcher Fluß durchfließt das Land von West nach Ost? (13)
Was stellt das Wiener Becken dar? (15)
Wo liegt der Neusiedler See? (19)
Wie groß ist der Bodensee? (20)
Wie ist das Hügelland nördlich der Donau? (24)
Was bedeckt weite Regionen des Gebirges? (28)
→ 75 Have students find the extended adjective construction and restate it as noun + relative clause.
→ 76 gelangt: from "gelingen" or "gelangen"?
→ 79 Skilauf: Ski = Schi, pronounced "Schi."
→ 84 Skiläufern: Sing. or pl.? Evidence?
→ 97 Stutzen: Sing. or pl.? Evidence?
→ 99 zahlreiche: German synonym?
→139 das...Wasser: extended adjective construction.
→146 Riesige Hotels, die Wolkenkratzern gleichen: Recast as extended adjective construction [§14.1.1]
→156 von den Steinsalzvorkommen, die auch heute noch abgebaut werden: Recast as extended adjective construction [§14.1.4]

**Biologie:**

→ Recast as independent sentences, using antecedents:
4 die...sind
10 das...ausmacht
16 die...vorkommen
→ Recast as conditional inversion:
13 Wenn wir...
→ Recast, supplying "wenn:"
65 Hört...
86 Erhöht...
90 Sinkt...
93 Verliert...
→ 67 existiert: What are the two subjects? Why is the verb singular?

→ 73 Werden: Is this the main verb? What is its subject?
→ 70 durchströmt: Stress? How do you know?
74 hineingegeben: Stress?
→111 auf: Translation?
→145 auf diese übertragen, (das heißt,) vererbt.

Literatur:

→ Note: Christoph Rilke was killed during the Thirty Years' War, in a battle on the Raab River in Hungary.
→113 Johann Spork (1601?-1679) A peasant's son who rose to be an Imperial Count and a commander in the Imperial Austrian army. He fought against the Turks in the Thirty Years' War, and later against the French in the Rhineland.
→ Have the students look up "alliteration" and "assonance" in English dictionaries. Then go through the story, looking for examples. Remind the students that Rilke is primarily a poet, and uses many poetic devices in his prose.
→ Have students read aloud, and read aloud yourself, to demonstrate the rhythms and the use of many poetic devices: rhyme, assonance, alliteration, and repetition.
→ Have students pick out for reading aloud passages which they consider good examples of "lyric," "epic," or "dramatic."

→ The poem:
Select the words which show the progression (1) from the distance to the poet himself; (2) from the inanimate to the living (plants, animals, the poet).

# CARD GAMES

The card games which follow provide one device for guiding the students' practice on the content of their reading passage for the week. Depending on the nature of the reading, various game situations are worked out.

Usually the set of cards consists of a summary of the selection. If any other device is used, it is explained when such cards are introduced.

The summary arrangement is prepared as follows: Take a set of 3x5 cards (different colors for different Collections will help keep your file in order). Type the first half of the first sentence on a card and mark that card with the number 1, to identify it as the beginning of the set. Then type the second half of the first sentence and the first half of the second on a second card (but don't number any card except the first one). Use a new card for each pair of half sentences until the last card, which has on it only the second half of the last sentence. It is also advisable to type an identification on each card, for example, Lit. 4, PuC 3, in case sets get scrambled accidentally.

On the next thirty-four pages you will find such summaries, printed with the sentences divided, so that you have only to produce the cards (or have a secretary do it). For multiple sections, you may put the sentences for eight cards on 8 1/2 x 11 sheets, for duplication on heavy paper, cut and assemble in sets.

The summary cards can be used in three phases:

1) The group receives its set, arranged in order. One student takes the pack and reads aloud the first sentence (which ends on the second card). He hands the pack, second card up, to another student, who reads the second sentence. The pack is handed from one individual to another until the entire pack has been read aloud. The group may want to repeat the first phase before progressing to the second.
2) The cards are now shuffled and dealt so that each member gets approximately the same number. Then the students, working together, assemble the cards in their proper order, with one student holding the reassembled pack. When the group is finished, you can check the sequence against the list of initial words given in the section on **Activities** in the Unit in which the game is to be used.
3) After the proper order has been reestablished and the cards have been checked, the students can work through them once again. One of the group reads the first half of the first sentence and tries to supply the second half without consulting the second card. Others in the group help if needed, of course. When that sentence has been dealt with, the first student hands the pack to someone else, who reads and tries to remember the end of the second sentence, etc.

Unit 1

Physik und Chemie:

1 Im 17. Jahrhundert versuchten viele, ein perpetuum

mobile zu bauen.
Unter anderen wurde auch folgende

Vorrichtung vorgeschlagen.
Ein Ober- und ein Unterbecken füllt man nur einmal

mit Wasser.
Das Wasser, das aus dem Oberbecken ausströmt, treibt ein Wasserrad an und fließt dabei

in das Unterbecken.
Das Wasserrad dreht eine Wasserschraube, die das gesamte heruntergeflossene

Wasser in das Oberbecken hinaufbringt.
Von dort fließt es wieder abwärts und treibt

das Wasserrad weiter an usw. (und so weiter).
Diese Vorrichtung sollte nie wieder

stehenbleiben.
Im 17. Jahrhundert wußte man aber nichts von dem Satz von der
Erhaltung

der Energie, der 1842 von Mayer entdeckt wurde.
Wenn man eine solche Vorrichtung baut, stellt man fest, daß
immer weniger Wasser

in das Oberbecken befördert wird.
Schließlich ist überhaupt kein Wasser mehr im Oberbecken, und
die Vorrichtung

bleibt stehen.
Die Ursache dafür ist, daß die mechanische Energie sich nach
und nach

in Wärmeenergie umgewandelt hat.
Der Satz von der Erhaltung der Energie darf auf diese Vorrichtung

gar nicht angewendet werden.
Der Satz von der Erhaltung der mechanischen Energie gilt nur
für die Umwandlung

von potentieller Energie in kinetische (Energie) und umgekehrt.
Bei jeder Maschine wird aber mechanische Energie auch

in Wärmeenergie umgewandelt.
In früheren Jahrhunderten haben aber tatsächlich viele Leute

solche Maschinen bauen wollen.
Diese Maschinen sollten nicht nur dauernd in Bewegung bleiben
sondern auch noch

zusätzliche Arbeit verrichten.
Wenn aber die Maschine auch noch Arbeit verrichten soll,

kommt sie noch schneller zum Stillstand.
Wenn jemand also auch den kompliziertesten Vorschlag zum Bau

eines perpetuum mobile macht, weiß man schon, daß er sich nicht genügend mit

den grundlegenden Gesetzen der Physik befaßt hat.
Er beachtete vor allem nicht

den Satz von der Erhaltung der Gesamtenergie.

Mensch und Gesellschaft:

1 Im Zweiten Weltkrieg war Barbaras Vater einfacher Soldat, und gleich nach dem Krieg saß er

in russischer Gefangenschaft.
1949 kam er krank nach Deutschland

zurück und war nicht mehr arbeitsfähig.
Vor dem Krieg war er Redakteur gewesen, also der „künstlerische

Teil" der Familie.
Barbaras Mutter drängte den Vater immer mehr zur Seite, weil sie

stark und gesund war.
Barbara erinnert sich sehr undeutlich an

ihren Vater.
Sie dachte als Kind, ihre Mutter sei braver und redlicher

als ihr Vater.
Heute glaubt sie aber, daß das eine

falsche Vorstellung war.
Sie glaubt, daß ihre Mutter ihren Vater einfach an die

Wand gedrückt hat.
Denn sie hat dasselbe Phänomen in

anderen Ehen beobachtet.
Sie glaubt, daß der Mann immer nachgibt, weil er klüger ist; und daß die Frau

stärker ist, weil sie primitiver ist.
Barbara zieht eine Ehe vor, in der der Mann

der Stärkere ist.
Sie will einen älteren Mann heiraten, einen Mann, der charakterlich stärker ist als sie, so daß

sie sich ihm gern unterordnen wird.
Barbara ist Psychologin

von Beruf.
Sie will vor der Heirat ihren Beruf ausüben; aber wenn sie einmal heiratet,

will sie ihren Beruf nicht mehr ausüben.
Sie hält es für unmöglich, daß eine Frau dem Beruf *und*

der Ehe gerecht werden kann.
Barbara glaubt, daß Frauen, die im Beruf stehen und auch

Kinder haben, beides vernachlässigen.
Um eine gute Ehe zu führen, braucht man kein großes Wissen sondern nur

den gesunden Menschenverstand und einige Herzenswärme.
Barbara will in ihrer Ehe dauerhafte Liebe

erhalten und geben.
Es ist, meint Barbara, im „Sex" keine

richtige Liebe.
Aber die Illustrierten, behauptet sie, reden vielen Komplexe ein und machen sie glauben, sie seien nicht normal, wenn

sie nicht auf der Sexwelle mitschwimmen.
Für Barbara ist die kleine Welt der Familie „normal": sie will

eine gute Ehe führen, Kinder haben, die Kinder gut erziehen.
Aber sie weiß auch, daß die „große Welt", das heißt, die Welt der Politik, einen großen Einfluß

auf ihre kleine Welt haben kann.

Biologie:

1 Zu Beginn des 17. Jahrhunderts wurde

die Zelle entdeckt.
Bedeutende Biologen haben seitdem immer genauer die Zelle und

die Bestandteile der Zelle erforscht.
Schwann und Schleiden waren Naturforscher,

die im 19. Jahrhundert lebten.
Diese beiden Naturwissenschaftler

begründeten die Zellenlehre.
Im 17. und 18. Jahrhundert arbeiteten die Wissenschaftler

mit sehr einfachen optischen Geräten.
Physiker, Mathematiker und Techniker haben wesentlichen Anteil daran,

daß wir heute so viel über den Bau und die Funktion der Zelle Bescheid wissen.
Heute kann man mit Hilfe des Elektronenmikroskops

auch die feinsten Bestandteile der Zelle sehen.
Die Erkenntnisse, die man in dieser Forschungsarbeit gewonnen hat,

sind für viele Gebiete wichtig.
Die Zellforschung hat große Bedeutung für die Medizin, besonders

für die Erforschung des Krebses.
Krebszellen vermehren sich schneller

als gesunde Zellen.
Die Krebszellen zerstören

die normalen Zellen des Körpers.
Viele Wissenschaftler erforschen gegenwärtig,

was diese krankhaften Veränderungen der Zellen verursacht.
Um aber die Ursache zu finden,

muß man immer genauer die Lebensvorgänge in gesunden Zellen erkennen.
Die Erkenntnisse der Zellforschung sind auch

in der Landwirtschaft und im Gartenbau nützlich.
Wenn man genaue Kenntnisse von der Zelle hat, kann man Stoffe anwenden,

um das Wachstum der Pflanzen zu hemmen oder zu fördern.
In den letzten Jahren ist die Zellforschung

in den Mittelpunkt der biologischen Wissenschaft gerückt.
Durch die Erforschung der Vererbungsvorgänge wird es

dem Menschen möglich sein, die Entwicklung der Organismen zu beeinflussen.
Der Autor behauptet, daß die Ergebnisse der Zellforschung ebenso bedeutend sind

wie die Nutzung der Atomenergie.

Literatur:

1 Es war einmal eine brave Ehefrau, die in

einem Dorf lebte.
Eines Tages wollte sie einen Hefekuchen backen, aber

sie hatte keine Hefe im Hause.
Sie sagte daher ihrem Mann, er sollte

zum Bäcker gehen und ein bißchen Hefe holen.
Der Mann nahm seinen Hut vom Haken und ging —

aber er kam nicht wieder.
Die Frau suchte ihren Mann überall, aber

sie konnte ihn nicht finden.
Er war ja beim Bäcker gewesen, aber dieser hatte kein bißchen Hefe mehr im Hause und schickte

ihn zum Bäcker im nächsten Dorf.
Auf dem Wege dorthin war der Mann

verschwunden.
Jahrelang wartete die brave Ehefrau auf

ihren nichtsnutzigen Mann.
Sie hätte ihn für tot erklären lassen und sich einen

neuen nehmen können, aber das wollte sie nicht.
Sie wies alle Freier ab und wartete

auf den alten.
Nach zwanzig Jahren hatte sie das Gefühl, daß sie bald

alt würde.
Zu dieser Zeit lernte sie einen Mann kennen, der

ihr gefiel und den sie heiraten wollte.
In Erinnerung an ihren verschwundenen Mann hatte sie zwanzig Jahre lang

keinen Hefekuchen mehr gebacken.
Jetzt wollte sie sich von ihm befreien, indem sie

einen Hefekuchen buk.
Aber sie hatte keine Hefe im Hause, also schickte sie

den Freier zum Bäcker.
Inzwischen machte sie alles

zum Backen fertig.
Dann hörte sie Schritte; die Tür ging auf, und sie hörte

eine Stimme, die sie zwanzig Jahre lang nicht gehört hatte.
Es war natürlich die Stimme ihres verschollenen Mannes, der

gerade jetzt erschienen war.
Er hatte eine Tüte Hefe in der Hand und hielt sie

ihr entgegen.
Jetzt trat der Freier ein — auch mit einer Tüte Hefe in der Hand —: was sollte

die arme, brave, dumme Ehefrau machen?
Nun, sie schickte den Freier fort und hörte sich

die lange, traurige, dumme Geschichte des Ehemanns an.
Sie nahm ihn dann wieder auf: sie säuberte ihn, speiste ihn, kleidete ihn und pflegte ihn, bis

sie sich mit ihm wieder auf der Straße zeigen konnte.
Warum nahm sie ihn wieder auf?

Weil er nun einmal ihr Mann war — und das sollte er auch bleiben.

## Unit 2

### Physik und Chemie:

*Instructions: Most of the elements have the same or similar names in English and German. The ones chosen for this week's practice are those that have different names. Do three things with this "game:"*

*1 They are now matched up in order. Go through them in your group and study the names (about five minutes).*

*2 Shuffle the cards and put them back in order, matching the atomic numbers and symbols with the names of the elements in German.*

*3 After the order has been checked, ask each other questions in German, for example:*
Welche Atomnummer (Ordnungszahl) hat das Element Blei?
Wie nennt man das Element mit der Ordnungszahl 82?
Was ist das Zeichen (Symbol) für das Element Blei?

[Make separate cards, putting atomic weight and chemical symbol on one card, the German name of each element on another.]

| | | | | | | | |
|---|---|---|---|---|---|---|---|
| 1 | H | / | Wasserstoff | 29 | Cu | / | Kupfer |
| 6 | C | / | Kohlenstoff | 41 | Cb(Nb) | / | Niobium |
| 7 | N | / | Stickstoff | 47 | Ag | / | Silber |
| 8 | O | / | Sauerstoff | 50 | Sn | / | Zinn |
| 9 | F | / | Fluor | 53 | I | / | Jod |
| 11 | Na | / | Natrium | 74 | W | / | Wolfram |
| 14 | Si | / | Silizium | 80 | Hg | / | Quecksilber |
| 16 | S | / | Schwefel | 82 | Pb | / | Blei |
| 19 | K | / | Kalium | 83 | Bi | / | Wismut |
| 26 | Fe | / | Eisen | | | | |

### Mensch und Gesellschaft:

*Instructions: These cards will give you a chance to get better acquainted with other members of your group and — an added attraction — give you an opportunity to practice changing indirect to direct discourse, for the questions are given in indirect form on the cards. Deal them out so that everyone receives about the same number, except the one who gets the first card. He receives only that one, because he is to answer all the questions. He starts with the ones on his card, then the one who has card #2 restates the indirect question on his card as one directed to the person holding card #1, who answers it. The cards are used in sequence until they are exhausted. Then, if time permits, they are to be reshuffled, and another member of the group interrogated.*

1 Wo wohnen Sie: in einem Studentenheim oder in einer Wohnung? Haben Sie ein eigenes Zimmer?

2 Fragen Sie den ersten Sprecher / die erste Sprecherin, ob er / sie allein wohnt, oder mit anderen in derselben Wohnung / im selben Zimmer.

3 Fragen Sie ihn / sie, was er / sie von seinem / ihrem Zimmer aus hören kann.

4 Fragen Sie ihn / sie, was er / sie riechen kann.

5 Fragen Sie ihn / sie, was er / sie sehen kann.

6 Fragen Sie ihn / sie, ob die Radios oder Plattenspieler bei ihm / ihr zu laut spielen.

7 Fragen Sie ihn / sie, ob es in seinem / ihrem Wohnblock oder Studentenheim viele Partys gibt.

8 Fragen Sie ihn / sie, ob er / sie im eigenen Zimmer gut arbeiten kann; ob es besser ist, in der Bibliothek zu arbeiten.

9 Fragen Sie ihn / sie, ob er / sie gut schlafen kann.

10 Fragen Sie ihn / sie, ob er / sie mit den Nachbarn gut befreundet ist.

Biologie:

*Instructions: The cards contain some definitions of terms which are useful in the study of botany. Not all of these occur in your reading. They are in the proper order as you receive them. Study them for about ten minutes, then shuffle the cards and put them back together in proper order. After your instructor has checked the order, you can practice by asking each other:* Was bedeutet ...? *Or you may read a definition aloud and have another member of the group tell what is being defined.*

1 gar nicht naß

trocken
leicht naß

feucht
voll entwickelt

reif
Organ, mit dem sich Pflanzen in der Erde festhalten und ernähren

die Wurzel
äußere, feste Schicht von Bäumen

die Rinde
flaches, grünes Organ höherer Pflanzen

das Blatt
der Hauptholzkörper des Baumes

der Stamm
der Teil des Baumes, der unmittelbar aus dem Stamm hervorgeht

der Ast
dünner Ast

der Zweig
mit beiden Geschlechtern versehen

einhäusig
mit getrenntgeschlechtigen Blüten versehen, die auf zwei verschiedene Pflanzen verteilt sind

zweihäusig
Pflanze, die keine Früchte ausbildet

der Nacktsamer
Staub- oder Fruchtblätter der nacktsamigen Pflanze, die an einer langen Achse angeordnet sind

der Zapfen
Samenpflanze, die Früchte ausbildet

der Bedecktsamer
Organ der Samenpflanzen, in dem sich die Samen entwickeln

die Samenanlage
männliches Blütenorgan, in dem der Pollen gebildet wird

das Staubblatt
der blattlose Teil der Pflanze, der die Blüte trägt

der Blütenstand
das weibliche Geschlechtsorgan der Blüte, das die Samenanlage trägt

das Fruchtblatt
Blütenorgan der Bedecktsamer, das die Samenanlage enthält

der Fruchtknoten
fadenförmiges Gebilde des Fruchtknotens, in das die Pollenschläuche einwachsen

der Griffel
der Teil des Fruchtknotens, der den Blütenstaub auffängt

die Narbe

## Literatur: Das Fenster-Theater

*Instructions [You may want to make this as an overnight assignment]: Choose one of the following and prepare it for oral presentation to your group.*

1 Erzählen Sie die Geschichte vom Standpunkt des alten Herrn aus.

2 Sie sind einer der Polizisten, die mit dem Überfallauto gekommen sind. Machen Sie dem Polizeibeamten Ihren Bericht.

3 Sie sind der Polizeibeamte, der den Telefonanruf bekommen hat. Sie erzählen Ihrer Frau beim Abendessen, was geschehen ist.

4 Sie sind entweder die Mutter oder der Vater des Kindes. Sie haben etwas vom ganzen Ereignis beobachtet. Erzählen Sie Ihrem Ehepartner, was Sie gesehen haben.

## Die Wallfahrt nach Kevlaar

1 Die Wallfahrt nach Kevlaar ist die Geschichte von einem jungen

kranken Mann und seiner Mutter.
Der junge Mann, Wilhelm, war mit einem Mädchen, dem Gretchen, verlobt gewesen, aber

Gretchen war gestorben.
Jetzt liegt Wilhelm im Bett und

will auch nicht mehr leben.
Die Mutter schlägt vor, daß sie

eine Wallfahrt nach Kevlaar machen.
Denn die Mutter Gottes, Marie, heilt die kranken Leute,

die ihr ein Opferspend darbringen.
Ein Mensch mit einer Wunde an der Hand opfert ihr eine Wachshand —

und die Hand wird geheilt.
Wilhelms Mutter macht der Mutter Gottes

ein Herz aus Wachs.
Sie sagt dem Sohn, er soll das Herz

der Marie zu Kevlaar opfern.
Marie wird dann

seinen Schmerz heilen.
Der Sohn nimmt das Wachsherz, bringt es der Mutter Gottes und erzählt

ihr von seinem Leid.
Er bittet sie,

sein krankes Herz zu heilen.
Nachdem Mutter und Sohn wieder zu Hause sind, sieht die Mutter

Marie im Traum.
Die Mutter Gottes ist zum Bett des Sohnes gekommen; sie beugt sich

über ihn und legt ihre Hand auf sein Herz.
Dann lächelt sie mild und

verschwindet.
Das Bellen der Hunde

weckt die Mutter aus ihrem Traum.
Sie sieht den Sohn, der dahingestreckt liegt:

er ist eben gestorben.
Die Mutter versteht, daß Marie auf Wilhelms Bitte die einzig mögliche Antwort gegeben hat:

nur durch den Tod kann sein Herz geheilt werden.

Unit 3

**Physik und Chemie:**

1 Wer entdeckte den Satz von der Erhaltung der Energie?

R. Mayer
Wann veröffentlichte Darwin seine These: „Über die Entstehung der Arten durch natürliche Zuchtwahl"?

1859
Wer entdeckte schon im 18. Jahrhundert die Gasgesetze?

Gay-Lussac
Wer war der Begründer der exakten Chemie?

Lavoisier
Wer entdeckte zum ersten Mal die Vererbungsgesetze?

Johann Gregor Mendel
Wer stellte die erste Tabelle der Atomgewichte her?

Dalton
Wer entwickelte die chemische Zeichensprache?

Berzelius
Welche zwei Wissenschaftler entdeckten im selben Jahr das Periodensystem?

Mendelejew und L. Meyer
Welche zwei Wissenschaftler arbeiteten an der Spektralanalyse?

Bunsen und Kirchhoff
In welchem Jahrzehnt wurde die Chemie-Industrie begründet?

In den sechziger Jahren des 19. Jahrhunderts
In welchem Jahr entdeckte Fraunhofer die Absorptionslinien im Spektrum der Sonne?

1814
Wer arbeitete an der Molekulartheorie der Gase?

Avogadro
Wann entwickelte Liebig künstliche Düngung?

1842
Was veröffentlichte Darwin im Jahre 1871?

„Die Abstammung des Menschen"
Welche zwei Wissenschaftler stellten die Ammoniaksynthese her?

Haber und Bosch
Wann entwickelte de Vries seine Mutationstheorie?

1903
Wann entwickelte Bohr sein Atommodell?

1913
Woran arbeitete Planck?

An der Quantentheorie
Wann entdeckte Becquerel die Radioaktivität?

1896

## Mensch und Gesellschaft: „Die Frau gilt im Beruf wenig"

Machen Sie eine Liste der Wörter aus den ersten drei Lesestücken, die man auf die westdeutsche Frau anwenden könnte. Setzen Sie daraus ein Bild zusammen. Glauben Sie, daß es für Westdeutschland typisch ist? Vergleichen Sie dieses Bild mit dem einer typischen amerikanischen Frau — oder glauben Sie, daß es eine typische amerikanische Frau gibt?

## Industrie und Wirtschaft der DDR

*Instructions: On the three bigger cards are the names of the two Germanies and the designation "both countries." The rest of the cards list characteristics which apply to one or the other or both countries. Stack on top of each big card the characteristics which apply. Then put together a description of each country — as the East Germans see it.*

*[Big cards]*

Deutsche Demokratische Republik

Beide Länder

Bundesrepublik Deutschland

*[Smaller cards]*

hochentwickelte Industrie

leistungsfähige Landwirtschaft

kleinere Fläche

größere Fläche

größere Bevölkerungszahl

kleinere Bevölkerungszahl

große Monopole

große Profite

ausländische Monopolherren

Militaristen

Monopolherren gegen das eigene Volk

sozialistischer Staat

Tausende fleißiger Hände

große Kriegsschäden

Aufbauwillen

Werktätige herrschen

Werktätige werden geherrscht

Ausbeutung der Menschen

hinterhältige Methoden

große Schwierigkeiten

Macht- und Profitstreben

Profite auf Kosten der Werktätigen

## Biologie:

1 Früher wurde das Zusammenleben von Pflanzen und Tieren in der Natur als etwas

Selbstverständliches angesehen.
Heute wissen wir aber, daß wir uns mit diesem Zusammenleben von Organismen

beschäftigen müssen.
Ein wichtiges Fachgebiet der Biologie ist die Ökologie, die Wissenschaft von

den Wechselbeziehungen zwischen den Lebewesen und ihrer Umwelt.
Die Ökologie besteht darin, daß man

die Lebensäußerungen der Organismen an ihrem Standort untersucht.
Zu diesem Zweck darf man nicht nur Bücher lesen und

im Klassenzimmer sitzen.
Man muß auch in die Natur hinausgehen, um

die Pflanzen und Tiere in ihrer Umgebung und in ihren Beziehungen zueinander zu untersuchen.
Ein Biotop ist ein Lebensraum von Tier- und Pflanzenarten, die

ähnliche Umweltbedingungen verlangen.
Eine Landschaft besteht aus zahlreichen

kleineren und größeren Biotopen.
Eine Biozönose ist die Lebensgemeinschaft

verschiedener Tier- und Pflanzenarten, die ähnliche Umweltbedingungen verlangen.
Ein Beispiel von einem Lebensraum ist

ein Teich.
In diesem Teich bilden alle dort lebenden Organismen

eine Lebensgemeinschaft.
Jede Lebensgemeinschaft hat einen besonderen Aufbau, der

durch die Bedingungen des Lebensraumes geformt ist.
Jedes Lebewesen ist mit der gesamten Lebensgemeinschaft

verbunden, zu der es gehört.
Lebensgemeinschaft und Lebensraum bilden

eine untrennbare Einheit.
Einerseits sind die Lebensäußerungen der Organismen vom Lebensraum abhängig,

andererseits wirken die Organismen aber auch auf ihren Lebensraum und damit wiederum auf sich selbst verändernd ein.
Das äußere Bild einer Landschaft wird in erster Linie durch

die Pflanzendecke bestimmt.
Diese verleiht der Landschaft ein charakteristisches Gepräge, also benennen wir die meisten Lebensgemeinschaften

nach den vorherrschenden Pflanzenarten.
Die Pflanzen erzeugen die Nahrung der Tiere und gewähren ihnen

Wohnraum und Schutz.
Es sind immer enge Verknüpfungen zwischen den Pflanzen und

den Tieren eines Lebensraumes.

Literatur:

1 Der Erzähler dieser Geschichte ist Hundefänger von Beruf, das heißt,

er ist Angestellter des Hundesteueramtes der Stadt.
Als Hundefänger soll er die Parks und die Straßen der Stadt durchwandern und alle

unangemeldeten Hunde aufspüren.
Denn jeder Hundebesitzer soll

seine Hundesteuer bezahlen.
Und in dieser Stadt beträgt die Hundesteuer

fünfzig Mark.
Dieser Hundefänger hat das richtige Gefühl für seinen Beruf: er kann beinahe riechen, daß

ein Hund noch unangemeldet ist.
Er interessiert sich besonders für Hündinnen, die

bald Junge bekommen sollen.
Er beobachtet sie, wartet auf den Tag des Wurfs, läßt die Jungen so groß werden,

daß niemand sie ertränkt — und überliefert sie dann dem Hundesteueramt.
Aber in seiner Brust streiten sich

Pflicht und Liebe.
Denn er hat Hunde gern, und es gibt Hunde,

die er einfach nicht melden kann.
Unter diesen ist sein eigener Hund,

der auch nicht angemeldet ist.
Sein Hund heißt Pluto: ein Bastard, dem

seine Frau und seine Kinder ihre Liebe schenken.
Vielleicht hätte der Hundefänger seinen Hund anmelden sollen; aber er glaubt, er

hat als Hüter des Gesetzes das Recht, das Gesetz zu brechen.
Er muß hart arbeiten, und er kommt ermüdet und beschmutzt nach Hause, wo er am Ofen sitzt, seine Zigarre raucht und

dem Pluto das Fell krault.
Dieser wedelt mit dem Schwanz und

erinnert ihn an die Paradoxie seiner Existenz.
Sonntags macht er mit der ganzen Familie

einen langen Spaziergang.
Auf diesen Sonntagnachmittagsspaziergängen achtet er gar nicht darauf, ob

die Hunde angemeldet oder unangemeldet sind.
Aber die letzten zwei Sonntage ist er

seinem Chef begegnet.
Dieser bleibt jedesmal stehen, begrüßt die Frau und die Kinder und

krault dem Pluto das Fell.
Pluto mag das aber nicht: er knurrt und

setzt zum Sprung an.
Das beunruhigt den Hundefänger, und er verabschiedet sich hastig,

was das Mißtrauen des Chefs wachruft.
Jetzt weiß er um sein Leben keinen Rat: er kann den Hund nicht mehr anmelden, denn seine Frau

hat dem Chef schon berichtet, sie hätten ihn schon lange gehabt.
Und er kann seinen Beruf nicht mehr wechseln:

er ist schon zu alt dafür.
Er versucht, seiner Gewissensqual Herr zu werden, indem

er immer fleißiger arbeitet.
Aber er kann keinen richtigen Ausweg finden, denn

seine Situation ist und bleibt unmöglich.

Unit 4

Physik und Chemie:

1 Wenn ein fahrender Eisenbahnzug gebremst wird,

so werden die Bremsklötze und die Räder heiß.
Dies nennt man

einen Reibungsvorgang.
Bei der Reibung wird mechanische Energie

in Wärmeenergie umgewandelt.
Noch ein Beispiel von Reibung: wenn man sich mit geschlossenen Händen

an einer Kletterstange heruntergleiten läßt, kann man sich die Hände verbrennen.
Wärmeenergie kann auch in

mechanische Energie umgewandelt werden.
Diese Erkenntnisse sind für die gesamte naturwissenschaftliche Forschung

von großer Bedeutung.
Wenn man zum Beispiel einen Kalorimeter mit Wasser füllt und das Wasser in stark wirbelnde Bewegung

versetzt, gewinnt man eine meßbare Wärmemenge.
Für eine Wärmemenge von 1 kcal, fand Joule, ist ein Aufwand

an mechanischer Energie von etwa 425 kpm erforderlich.
Diese Tatsache wurde durch

weitere Versuche bestätigt.
Das Umrechnungsverhältnis von mechanischer Energie wird als

mechanisches Wärmeäquivalent bezeichnet.
Bei der Verbrennung wird chemische Energie

in Wärmeenergie umgesetzt.
Energie wird immer aus

einer anderen Energieart gewonnen.
Sie entsteht nie

aus dem Nichts.
Bei allen mechanischen Vorgängen bleibt die Summe aus mechanischer Energie

und Wärmeenergie stets gleich.
Wenn die Wärmeenergie zunimmt,

so nimmt die mechanische Energie ab.
Diese Tatsache bezeichnet man als

den ersten Hauptsatz der Wärmeenergie.
Dieser Satz ist für alle

Energiearten allgemein gültig.
Diese Verallgemeinerung wird

Energieprinzip genannt.
Nur wenn man die Allgemeingültigkeit des Energieprinzips nicht erkennt, versucht man eine Maschine zu entwickeln, bei der

mehr Energie gewonnen als aufgewendet wird.
Das Energieprinzip gilt im ganzen Weltraum, das heißt,

die gesamte vorhandene Energiemenge bleibt ihrem Betrage nach unverändert bestehen.
Die Summe aller Energien

ändert sich nicht.

Mensch und Gesellschaft:

*Note: This set of cards contains information beyond what is in the reading passage. It can be studied, then shuffled and reassembled. Increasing awareness of grammatical structure will help the student to anticipate logical sequences.*

1 In den Jahren 1933 — als Hitler an die Macht kam — bis 1939 — Anfang des Zweiten Weltkriegs — waren viele Künstler und

Wissenschaftler aus Deutschland geflohen.
Es waren viele von diesen Flüchtlingen in Wien, aber im Frühjahr 1938 triumphierten die österreichischen Nationalsozialisten in

Österreich, und am 12. März 1938 rückten deutsche Truppen in Österreich ein.
1939 ist auch die Tschechoslowakei den Deutschen gefallen, und die deutschen

Emigranten mußten auch Prag verlassen.
Eins nach dem anderen sind die anderen Länder von den deutschen Heeren besetzt

worden, bis praktisch nur noch die Schweiz und Schweden unabhängig blieben.
30 000 Flüchtlinge sind von den Vereinigten

Staaten aufgenommen worden.
Berühmte Komponisten, wie Paul Hindemith und Arnold Schönberg, sind in den dreißiger Jahren nach USA gekommen, und der große Physiker

Einstein war jahrelang an Princeton tätig.
Thomas und Heinrich Mann, Carl Zuckmayer und Bertolt Brecht verbrachten alle

viele Jahre in den Vereinigten Staaten.
Wenn man bedenkt, daß die Emigranten zu den besten Köpfen Mitteleuropas gehörten, kann man

verstehen, daß das deutsche Kulturleben unter dem Verlust litt.
Aber, wie wir in der Fortsetzung dieses Artikels sehen werden, waren immer noch mutige

Menschen in Deutschland, die ihren Widerstand gegen die Nazis ausdrückten.

Biologie:

1 Was war Johann Gregor Mendel von Beruf?

Er war Mönch — Augustinermönch.
Was hat er in die Genetik eingeführt?

Er hat eine wissenschaftliche Arbeits- und Betrachtungsweise eingeführt.
Was bedeutet „Betrachtungsweise"?

Das ist die Art, wie man etwas ansieht; „betrachten" heißt „nachdenklich ansehen".
Hatte man sich schon vor Mendel für die Probleme der Vererbung interessiert?

Ja, man hatte sich mit diesen Problemen beschäftigt, aber man hatte den richtigen Ansatzpunkt nicht gefunden.
Warum waren Mendels Gesetze so wichtig? — Was entdeckte er?

Er fand den richtigen Ansatzpunkt für seine Untersuchungen; er bewertete die Ergebnisse mathematisch aus; dadurch erkannte er wesentliche Zusammenhänge.
Wann veröffentlichte er die Gesetze, die er erkannt hatte?

Im Jahre 1865.
Wurde die Bedeutung von Mendels Arbeiten gleich erkannt?

Nein, sie wurden von seinen Zeitgenossen wenig beachtet.
Wann und von wem wurden die Mendelschen Gesetze wieder entdeckt?

Um 1900 von drei Naturforschern unabhängig voneinander — sie hießen Correns, de Vries und Tschermak.
Was war der Unterschied zwischen Mendels Arbeitsweise und der seiner Vorgänger?

Mendel ging von einzelnen bestimmten Merkmalen aus, während seine Vorgänger immer die Gesamtheit der Merkmale eines Organismus bewerteten.
Was erkannte Mendel in seinen Kreuzungsversuchen?

Er erkannte gewisse Regelmäßigkeiten bei der Vererbung einzelner Merkmale.
Gelten Mendels Erbgesetze heute noch?

Ja, sie können heute noch in Kreuzungsversuchen bestätigt werden.
Mit welchen Pflanzen führte Mendel seine ersten Versuche durch?

Mit Erbsen.
Womit bestätigte er die Ergebnisse?

Mit Bohnen.
Was muß man beherrschen, wenn man die Gesetzmäßigkeiten verstehen will?

Man muß einige Grundbegriffe der Vererbungsforschung beherrschen.
Was bedeutet das Zeichen x?

Das bedeutet die Kreuzung.
Wie nennt man die Fortpflanzungszellen des männlichen Elternteils?

Man nennt sie die Gameten.
Wie nennt man die Fortpflanzungszelle des mütterlichen Elternteils?

Man nennt sie die Eizelle.
Was ist bei solch einer Untersuchung nötige Voraussetzung, das heißt, was ist der richtige Ansatzpunkt für solch eine Untersuchung?

Die Kreuzungspartner der Elterngeneration müssen in dem zu untersuchenden Merkmal reinerbig sein.
Wie ist dann die Tochtergeneration?

Sie ist mischerbig.
Wie nennt man die Einzelorganismen der Tochtergeneration?

Man nennt sie Mischlinge.
Wie nennt man das äußere Erscheinungsbild eines Individuums, das heißt, die Summe von allen seinen Merkmalen?

Man nennt es den Phänotypus.
Was ist der Genotypus?

Das ist die Gesamtheit aller Erbanlagen, die im Zellkern lokalisiert sind.

Literatur:

1 Der Erzähler dieser Geschichte hatte immer geglaubt, daß man Mörder an den

Händen, Massenmörder an den Augen erkennen könnte.
Er hatte einen Nachbarn, der Augen wie weinende

Aquamarine und schmale, wohlgepflegte Hände hatte.
Dieser Nachbar wurde aber an einem Sonntagvormittag verhaftet und beschuldigt, im Jahre 1941 an der

Ermordung von 200 Geiseln beteiligt gewesen zu sein.
Der Erzähler und seine Frau wollten es nicht

glauben, denn sie waren mit dem Nachbarn und seiner Frau gut befreundet.
Die beiden Ehepaare spielten einmal in der Woche Karten; sie machten manchmal übers

Wochenende einen Ausflug; sie luden einander oft ein.
Der Nachbar hatte einen Wagen und, obwohl es ihm viel Umstände machte, nahm er den Erzähler morgens in

die Stadt zur Arbeit mit und holte ihn abends ab.
Der Erzähler und seine Frau besprachen die Verhaftung des Nachbarn oft. Sie konnten nicht verstehen, wie dieser Mann, der so ein herzensguter

Familienvater und hilfreicher Freund war, auch derselbe sein sollte, der hilflose Frauen und Kinder umbringen konnte.
Man sagte, der Nachbar hätte eine schöne Erfindung gemacht: die Geiseln hätten die Grube erst

ausgehoben, dann hätte man sie am Rande so stehen lassen, daß sie gleich in die Grube fielen, als sie von den Maschinengewehren umgemäht wurden.
Es hieß, er hätte sogar einen

Orden für diese Erfindung bekommen.
Die Frau des Erzählers hatte Mitleid mit der Frau des Nachbarn und besonders mit seinen

Kindern, die sehr darunter leiden mußten, daß ihr Vater als Kriegsverbrecher verhaftet worden war.
Aber wenn der Erzähler den Kindern des Nachbarn auf der Straße begegnete, ging er an ihnen

vorbei, als ob er sie nicht gesehen hätte.
Die Frau des Erzählers wollte die Nachbarn besuchen, um ihnen

zu zeigen, daß sie noch Freunde waren.
Aber der Erzähler wollte seine Frau nicht hingehen lassen, denn er dachte, vielleicht würde man glauben, daß er etwas davon gewußt hätte; also müßte er vielleicht vor

Gericht kommen; er hatte eine gute Stellung — vielleicht könnte er seine Stellung darüber verlieren.
Dann kam der Prozeß, und es kam heraus, daß die Frau des Verhafteten wenigstens etwas von der

Vergangenheit ihres Mannes gewußt hatte.
Als der Richter sie fragte, warum sie all die Jahre geschwiegen hatte, antwortete sie, daß sie gar

nicht wußte, was sie tun sollte — er wäre doch ihr Mann, der Vater ihrer Kinder.
Der Nachbar wurde zu fünfzehn Jahren Zuchthaus

verurteilt, und der Erzähler glaubte, das wäre die ganze Wahrheit — das Ende der Geschichte.
Aber seine Frau hatte eine andere Meinung. Sie dachte, vielleicht hätte ihr Mann, der Erzähler, auch so gehandelt, wäre er in derselben

Lage gewesen; sie dachte, vielleicht hätte er damals, während des Krieges, nur Glück gehabt.
Der Erzähler reagierte heftig darauf: er hätte sich natürlich

geweigert, so etwas zu tun.
Als seine Frau ihn aber fragte, ob er sich einmal geweigert hätte, mußte er gestehen, daß er

nie in der Lage gewesen war, sich weigern zu müssen.
Die Frau konnte dann wiederholen, daß der Erzähler bloß

Glück gehabt hatte.
Einige Zeit, nachdem der Nachbar verurteilt worden war, kam die Frau des Erzählers zu

ihrem Mann und sagte ihm, daß sie doch die Frau und die Kinder des Verurteilten besuchen wollte.
Der Erzähler gab ihr den Rat, bis zum Abend zu warten, aber sie wollte es bei hellem Tage machen, damit

alle Nachbarn sie sehen könnten.

## Unit 5

### Physik und Chemie:

*Instructions: Match the unnumbered ends of sentences with the numbered beginnings.*
*[Make a separate card for each sentence segment.]*

| | |
|---|---|
| 1 Das Bohrsche Atommodell wurde auf Grund von drei Hypothesen entwickelt: | Bewegung der Elektronen auf Bahnen ohne Strahlung. |
| | erlaubte Kreisbahnen. |
| | Absorption und Emission von Licht. |
| 2 Emission von Licht geschieht, | wenn ein Elektron von einer äußeren auf eine innere Bahn übergeht. |
| 3 Absorption eines Lichtquants geschieht, | wenn ein Elektron von einer inneren auf eine äußere Bahn gehoben wird. |
| 4 Das Sommerfeldsche Atommodell | erlaubt Kreisbahnen und Ellipsenbahnen. |
| 5 Die Kernladungszahl ist | der Zahl der Elektronen gleich. |
| 6 Die Hauptquantenzahl ist | die Zahl der Schale, in welcher sich ein Elektron befindet. |
| 7 Die Nebenquantenzahl kennzeichnet | die Zahl der Ellipsenbahnen, welche einer entarteten Kreisbahn entsprechen. |
| 8 Die magnetische Quantenzahl beschreibt | die räumliche Orientierung der Bahnen. |
| 9 Spin kennzeichnet | die Drehbewegung eines Einzelelektrons. |
| 10 Die Oktettregel besagt, | daß jedes Atom wenn möglich acht Elektronen auf einer Schale vereinigt. |

### Mensch und Gesellschaft:

1 Viele von den Deutschen, die gegen die Nazis Widerstand leisteten, wurden in

Konzentrationslager verschleppt oder sogar umgebracht.
Bis 1945 konnte die Außenwelt — und selbst die Mehrheit der Deutschen — wenig von

diesem inneren Widerstand erfahren.
Denn wer „etwas wußte", war schon

dem KZ nahe.
Tausende von Menschen wurden von den sogenannten

Standgerichten zu Tode verurteilt.
Hunderttausende sind verschwunden; sie sind

wahrscheinlich umgekommen.
Der Schriftsteller Carl von Ossietzky, Chefredakteur der „Weltbühne", war ein

Fall unter Tausenden.
Die „Weltbühne" war eine linksradikale Zeitschrift für

Literaturkritik.
1933 wurde Ossietzky verhaftet und ins

KZ gebracht.
1936 bekam er den Friedens-Nobelpreis, worauf die nationalsozialistische Regierung allen

Deutschen die Annahme des Nobelpreises verbot.
Im Jahre 1936 wurde Ossietzky infolge internationaler Proteste aus dem

KZ freigelassen, aber 1938 starb er an den Folgen der Haft.
Emigration und Widerstand waren beide entscheidend für die

Entwicklung der Nachkriegszeit.
Denn die Opfer, die beide Gruppen gebracht hatten, setzten 1945 den Maßstab für die geistigen und

politischen Kräfte eines vom Nationalsozialismus befreiten Deutschland.

Biologie:

1 Das erste Mendelsche Gesetz betrifft

die erste Kreuzung von zwei reinerbigen Pflanzen, die aber in einem Merkmal verschiedenartig sind.
Das zweite Mendelsche Gesetz betrifft

die Kreuzung von den Mischlingen, die aus der ersten Kreuzung entstanden sind.
Diese Mischlinge nennt man

die $F_1$-Generation.
Wenn man diese mischerbigen Pflanzen untereinander kreuzt,

so erhält man in der nächsten, der zweiten, Generation dreierlei Pflanzen.
Ungefähr die Hälfte ist wieder mischerbig; ein Viertel davon sieht

wie die ursprüngliche reinerbige Pflanze väterlicherseits aus; ein Viertel wie die ursprüngliche Pflanze mütterlicherseits.
Das bedeutet, daß die Pflanzen der $F_1$-Generation

die Anlagen beider Eltern tragen.
Wenn ein Merkmal über das andere vorherrscht,

spricht man vom dominant-rezessiven Erbgang.
In der $F_1$-Generation kommt nur das

dominante Merkmal zum Vorschein.
Aber drei Viertel der Pflanzen der $F_1$-Generation tragen

die Anlage zum rezessiven Merkmal.
In der $F_2$-Generation tritt das rezessive Merkmal wieder auf, und zwar in einem Drittel

der Pflanzen, die die Anlage dazu tragen.
Diese Pflanzen sind reinerbig:

sie tragen nur die Anlage zum rezessiven Merkmal.
Ein Viertel der $F_2$-Generation

ist auch wieder reinerbig dominant.
Das 2. Mendelsche Gesetz nennt man

das Spaltungsgesetz.
Dieses Erbgesetz besagt: Wenn Organismen der $F_1$-Generation gepaart werden, so ist die $F_2$-Generation in dem betreffenden Merkmal nicht

einheitlich, sondern spaltet nach bestimmten Zahlenverhältnissen auf.
Das dritte Mendelsche Gesetz behandelt Kreuzungen, bei denen Eltern mit mindestens zwei

unterschiedlichen Merkmalspaaren gepaart werden.
Nur wenn man Eltern mit zwei oder mehr unterschiedlichen Merkmalspaaren kreuzt,

erhält man Neukombinationen.
Das 3. Mendelsche Gesetz nennt man

das Unabhängigkeitsgesetz.
Dieses Erbgesetz lautet: Nach der Kreuzung von Individuen, die sich in mehr als einem Merkmal

voneinander unterscheiden, treten in der $F_2$-Generation Neukombinationen auf.

Literatur:

1 Der Erzähler saß allein an einem Fenstertisch in einem Restaurant,

dem „Hahnhof" in der Leopoldstraße in München.
Es kamen ein Mann und eine Frau zu ihm und baten,

Platz nehmen zu dürfen.
Der Erzähler nickte ihnen einladend, und sie setzten

sich auf die Sitzbank ihm gegenüber.
Der Erzähler sprach nicht mit dem Paar, aber er dachte nach,

was für Menschen sie waren.
Er vermutete, daß sie nicht aus München waren, weil

sie sich feiner benahmen, als wenn sie zu Hause wären.
Der Mann war sehr höflich der Frau gegenüber, aber vielleicht war das nur deshalb, weil

er ziemlich klein war und nicht auf sie herunterschauen konnte.
Die Kellnerin kam zu ihrem Tisch, und der Mann

bestellte zwei Mal Metzelsuppe, eine Spezialität in jedem „Hahnhof".
Bald brachte die Kellnerin die beiden

Teller, und beide fingen an zu essen.
Nach dem ersten Löffelvoll wollte der Mann weiter essen, aber die Frau hörte

plötzlich auf und behauptete, die Suppe sei nicht in Ordnung.
Obwohl die Suppe dem Mann offensichtlich sehr gut

schmeckte, hörte er auch auf zu essen.
Er kostete die Suppe einmal vorsichtig, dann noch einmal, dann sagte er, die

Frau habe recht.
Die Frau bestand jetzt darauf, daß der

Mann die Sache reklamiere.
Also mußte er die Kellnerin

herbeiwinken und sich beschweren.
Der Mann und die Kellnerin sprachen in ruhigem Ton, sie nahm die beiden Teller

weg und brachte zwei neue Teller und frisches Besteck.
Der Mann und die Frau kosteten die zweite Suppe vorsichtig, dann

verzehrten sie sie hastig.
Während sie aßen, sprachen

sie von der ersten Suppe.
Der Mann stimmte mit der Frau überein, daß die andere Suppe

schlecht gewesen sei, daß er das schon beim ersten Löffel gemerkt habe.
Nachdem sie fertig waren, mußten sie natürlich

zahlen, und in diesem Augenblick ist die Sache heikel geworden.
Als die Kellnerin kam, rechnete sie nicht zwei,

sondern vier Teller Suppe.
Der Mann wollte eigentlich zahlen, aber seine Frau, ohne ein Wort

zu sagen, machte so viel Schwierigkeiten, daß er sich noch einmal beschweren mußte.
Die Kellnerin holte

den Geschäftsführer.
Der kam, hörte sich alles höflich an und sagte dann, daß alle vier Teller Suppe aus

dem selben Topf seien; er hätte selber gekostet, und sie hätte gut geschmeckt.
Der Mann wiederholte noch einmal seine Beschwerde, während die Frau

ihn ärgerlich anschaute, ohne ein Wort zu sagen.
Der Erzähler mußte ihm beispringen, indem er sagte, es sei ihm aufgefallen, daß

die Herrschaften gleich beim ersten Löffel nicht zufrieden gewesen wären.
Der Geschäftsführer bestand aber darauf, daß die Herrschaften doch

alle vier Teller zahlen mußten.
Der Mann fing noch einmal an, seine Geschichte herauszuquetschen — die Frau saß immer noch da, das Gesicht mit Ärger aufgeplustert — aber der Geschäftsführer schnitt

mit einer Bewegung der Hand den Faden der Erzählung ab.
Er verlangte die Bezahlung

aller vier Teller.
Nun, es gibt „Hahnhöfe" überall in Deutschland, und der Mann sagte, sie hätten schon in vielen davon

gegessen und wären immer mit dem Essen zufrieden gewesen.
Aber jetzt, sagte er, wollten sie nie

wieder in einen „Hahnhof" gehen.
Das imponierte dem Geschäftsführer gar nicht, er ließ die

Kellnerin zurückkommen.
Ziemlich gleichgültig strich sie das Geld für die vier Teller

ein, und die beiden erhoben sich.
Erst jetzt sprach die Frau:

„Daß du so nachgeben konntest!"
Aber er? Er war sichtlich am Ende seiner Kräfte — er war nur froh,

nicht mehr kämpfen zu müssen, und ließ sich willenlos abführen.

Unit 6

Physik und Chemie:

1 Um ein Barometer herzustellen, braucht man

eine Pumpe, eine Röhre mit einem Hahn und ein Gefäß mit Quecksilber darin.
Man schließt die Pumpe oben

an die Röhre an.
Wenn man die Luft aus der Röhre herauspumpt,

steigt das Quecksilber bis zu einer bestimmten Höhe.
Man neigt dann die Röhre, und das Quecksilber

gelangt über den Hahn, den man jetzt schließt.
Wenn man die Röhre wieder senkrecht stellt, entsteht über dem Quecksilberfaden

ein luftleerer Raum.
Man kann jetzt beweisen, daß die Quecksilbersäule in der Röhre nicht vom Vakuum hochgesogen,

sondern vom Luftdruck hochgedrückt wird. —
Die elektrischen Glühlampen — oder Glühbirnen — haben

Glühfäden, durch die der elektrische Strom fließt.
Aber es gibt auch sogenannte „Neonröhren", die keine Glühfäden

besitzen, die aber auch Licht abgeben.
Um so eine Lichtquelle herzustellen, braucht man

eine Pumpe, eine 40 cm lange Röhre mit zwei Elektroden und eine Hochspannungsquelle.
Man schaltet erst die Spannungsquelle ein,

dann setzt man die Pumpe in Betrieb und pumpt die Luft aus der Röhre.
Wenn der Innendruck in der Röhre auf etwa 10 Torr fällt,

bildet sich ein violetter Funkenstrahl, der von einer Elektrode zur anderen zieht.
Wenn der Luftdruck noch tiefer sinkt,

wird das violette Band immer breiter.
Bei einem Innendruck von etwa 4 Torr

zerfällt das Band (das Plasma) in einzelne Stücke.
Bei 0,001 Torr beginnen die Glaswände

zu leuchten.
Beim höchsten Vakuum hören die

Leuchterscheinungen wieder auf.
Wie zu Anfang des Versuchs

fließt kein Strom durch das Rohr.
Dieser Versuch ist ein Beweis dafür,

daß stark verdünnte Luft die Elektrizität leitet.
Ein hohes Vakuum ist aber

ein Nichtleiter.

Mensch und Gesellschaft:

1 Erst im Jahre 1971 erhielten die

Frauen in der Schweiz das Wahlrecht.
Das ist mehr als fünfzig Jahre, nachdem

die Frauen in den USA das Stimmrecht erhalten hatten.
Im Jahre 1959 wurde das Frauenstimmrecht von den

Wählern (das heißt, den Männern natürlich) in 19 Kantonen verworfen.
Seit 1959 hatten aber die Frauen in Waadt, Genf und Neuenburg (wo die Schweizer französischer Abstammung in der Mehrzahl sind)

in allen kantonalen Abstimmungen das Wahlrecht.
Die zahlreichen Ausländer in der Schweiz üben

kein Stimmrecht aus.
Viele von ihnen — besonders die italienischen Gastarbeiter — fahren

nach Hause, um an Wahlen teilzunehmen.
Aber ein Schweizer kann sein Stimmrecht auch dadurch verlieren, daß er

seine Steuern nicht bezahlt, oder daß er durch eigene Schuld all sein Geld verloren hat.
Die Schweizer nehmen

das Geld sehr ernst.
In einigen Kantonen nimmt man auch das Wahlrecht sehr ernst, denn dort hat man

„Stimmzwang", das heißt, wenn jemand an einer Wahl nicht teilnimmt, kann er mit einer Geldbuße bestraft werden.
Zehn Kantone haben Stimmzwang, und es kann nicht bestritten werden, daß sich

in diesen Kantonen mehr Wähler an den Wahlen beteiligen als in anderen.
In der Schweiz wie in aller Welt verschlechtert sich aber die

Stimmbeteiligung, besonders bei der Jugend.
Wahrscheinlich hängt das damit zusammen, daß

die Jugend politisch skeptisch wird und daß sie sich auf das private Leben zurückzieht.

Biologie:

1 Es war immer die Ansicht von Ärzten, von Müttern und von Ernährungsforschern, daß

Milch „das wertvollste Nahrungsmittel" wäre.
Das stimmt aber

nur bedingt.
Milch bekommt über das Kleinkindalter hinaus fast nur

Europäern und deren Abkömmlingen in Übersee.
Die meisten Erwachsenen der Welt — Asiaten, Schwarze, Indianer zum Beispiel — können

größere Mengen Milch nicht vertragen.
Diese Tatsache überraschte selbst Fachleute, die es bisher

nicht glauben wollten.
Die Ernährungsforscher und Physiologen hätten es leicht sehen können, denn die Tatsachen

waren schon lange zur Hand.
Ein amerikanischer Fachmann, Professor Kretchmer aus Kalifornien, hat ihre Blindheit

„einer Art von Chauvinismus" zugeschrieben.
Die Schlüsselrolle zur Verträglichkeit von Milch

spielt der Milchzucker.
Er ist das einzige Kohlenhydrat in der Milch und braucht, um

im Körper verarbeitet zu werden, ein Enzym: die Laktase.
Aber bei den meisten Menschen hört der Körper sehr früh

auf, dieses Enzym zu bilden.
Fehlt aber das Enzym Laktase,

so kann der Körper die Milchzuckermoleküle nicht spalten.
Der Milchzucker bleibt dann im Dünndarm unverdaut und verursacht unter anderem

Bauchschmerzen und Durchfall.
Wenn genügend Laktase im Darm vorhanden ist,

kann sie die Koppelung von Glukose und Galaktose lösen.
Diese beiden Stoffe gelangen dann durch die Darmwand in den

Blutstrom und werden in den Stoffwechsel hereingebracht.
Bis vor kurzem hatte man geglaubt, daß es normal war, auch als Erwachsener genügend

Laktase im Körper zu haben.
Die Menschen, bei denen dieses Enzym fehlt, wurden als

krankhafte Ausnahmsfälle betrachtet.
Im Jahre 1970 aber sind Bevölkerungsgruppen in aller Welt auf Milchzuckerverträglichkeit

untersucht worden.
Die Ergebnisse der Untersuchung waren gänzlich unerwartet: Mehr als 80% der Angehörigen der weißen Rasse können über das Säuglingsalter hinaus Milchzucker ohne Schwierigkeiten verdauen; aber

sehr wenige Erwachsene der schwarzen, braunen und gelben Rassen sind dazu in der Lage.
Es gibt ein paar Ausnahmen, zum Beispiel,

die Fulbe in Westafrika, die Viehwirtschaft betreiben und regelmäßig frische Milch trinken.
Solche Völker leiden kaum mehr unter

Laktose-Intoleranz als Europäer.
Wie kommt es, daß ausgerechnet die Völker, die Viehzucht treiben,

als Erwachsene noch Milchzucker verdauen können?
Wie so oft bei Fragen, die den Menschen betreffen,

gibt es zwei mögliche Antworten.
Vielleicht ist es durch Vererbung, vielleicht durch Angewöhnung, daß

die viehzuchttreibenden Weißen genügend Laktase im Körper haben. Was glauben Sie?

Literatur:

1 In der Lyrik kann der Empfänger sich

mit dem Ich des Lyrikers verschmelzen.
Die Aussage des Lyrikers ist persönlich

und zugleich allgemein menschlich.
Der Lyriker steht im Zentrum seiner

Welt und spricht aus ihr; trotzdem kann jeder die Welt des Lyrikers als die seinige erleben.
Die Sprechform der Lyrik ist die unmittelbare Aussage in direkter

Rede, ein Stück lautgewordener Bewußtseinsstrom.
Aber trotz der unmittelbaren Form ihres Sprechens entfernt

sich die Lyrik von der Realität.
Der Inhalt der Lyrik ist sowohl Erkenntnis oder ein Wollen

als auch Stimmung und Gefühl.
Das lyrische Gedicht ist zeitlos; es hält etwas

Einmaliges fest, das zu allen Zeiten wieder lebendige Gegenwart werden kann.
Die Innenwelt ist

der Raum der Lyrik.
Der Lyriker spart an der Sprache: er

sagt sehr viel mit wenigen Worten.
In der Epik berichtet der Erzähler

von (einem) anderen Menschen.
Es besteht Abstand zwischen diesem anderen und dem Leser oder

Hörer der Geschichte.
Der Epiker bewegt sich zwischen verschiedenen Welten; manchmal steht er über der Welt, die er in seinem

Werk erschaffen hat; manchmal begibt er sich in sie hinein.
In der Epik werden die Gespräche und Bewußtseinsinhalte der Menschen in

direkter und halbdirekter Sprechform gegeben.
Die Epik verwendet nicht nur die direkte und die indirekte Rede

sondern auch das Gedankenreferat, den inneren Monolog und den Bewußtseinsstrom.
Der Epiker ist bemüht, die Welt seines Werks möglichst vollständig

in ihrer ganzen Reichhaltigkeit und Breite aufzubauen.
Der Epiker berichtet über die Schicksale und

Abenteuer seines Helden.
In der Epik werden nicht nur frühere Begebenheiten sondern

auch gegenwärtige und sogar zukünftige so wiedergegeben, als hätten sie sich in der Vergangenheit zugetragen.
Die Epik ist an weder die Innen- noch die

Außenwelt gebunden: ihr ist es möglich, beide als solche zu geben.
Während der Lyriker an der Sprache ausspart, bringt der Epiker

möglichst viel; er schweift nach allen Richtungen und verweilt oft sogar bei Nebensächlichem, so daß sein Werk manchmal nicht als Einheit angesehen werden kann.
In der Epik kann der Erzähler manchmal seine eigene Sicht über die Handlungspersonen geben; in der Dramatik kommt das

selten vor.
Der Kern der Dramatik ist die spannungsvolle Beziehung

zwischen dem Helden und einem Gegenspieler.
Der Zuschauer nimmt innerlich an der Handlung auf der Bühne

teil; gleichzeitig aber bleibt er bloß Zuschauer.
Der Spielraum des Dramas bleibt eine Welt für sich; der Dramatiker greift gewöhnlich nicht

in diese Welt ein — sie bewegt sich nach ihren eigenen Gesetzen.
Die Sprache des Dramas ist die direkte Rede,

die Dialoge der handelnden Personen.
Auf der Bühne entsteht eine konkrete

Wirklichkeit und damit eine Sprechsituation, die sich aus Wort und Gebärde und der Inszenierung ergibt.
In der Dramatik sind Handlungen und Ereignisse sichtbar und

hörbar, und dadurch werden die Folgen — und Voraussetzungen — innerer Vorgänge, äußerer Handlungen und Ereignisse dargestellt.
Das Geschehen des Dramas wickelt sich als echte Gegenwart ab und begibt

sich unmittelbar vor unseren Augen auf der Bühne.
Obwohl es viele Probleme gibt, wenn man versucht, die Gattungen voneinander zu

unterscheiden, können die Stilzüge uns helfen, eine allgemeine Richtung zu finden.

Unit 7

Physik und Chemie:

1 Im dritten Versuch wurde bewiesen, daß bei höherem Vakuum die Rohrwände

im grünen Licht zu schimmern beginnen.
Um klären zu können, ob dieses Schimmern durch die Elektronen

verursacht wird, muß man einen weiteren Versuch durchführen.
Wenn man ein Metallkreuz zwischen die Kathode und die gegenüberliegende Seite der Röhre

aufstellt, sieht man auf der grün schimmernden Röhrenwand das Schattenbild des Kreuzes.
Die Elektronen, die aus der Kathode stammen, erreichen

eine hohe Geschwindigkeit.
Die Atome der Glasmoleküle der Röhrenwand, auf die die Elektronen

treffen, senden das grüne Leuchten aus.
Die Elektronen werden aber vom

Metallkreuz aufgehalten.
Da der Schatten, der sich auf der Rückseite bildet, die Form

des Kreuzes besitzt, müssen sich die Elektronen gradlinig ausbreiten.
Röntgenstrahlen werden auch in einer

evakuierten Glasröhre erzeugt.
Die Drahtwendel besteht aus Wolframdraht, der

stark und schwer schmelzbar ist.
Die Anode ist auch

aus Wolfram.
Die Kathode (die Drahtwendel) wird durch den Heizstrom auf Weißglut erhitzt, bis

zwischen Kathode und Anode eine Spannung von 40-400 kV herrscht.
Die Elektronen, die die Drahtwendel emittiert, prallen mit großer

Wucht auf die Wolframplatte, die dadurch stark erhitzt wird.
Beim Aufprall der Elektronen wird die

Röntgenstrahlung erzeugt.
Die wichtigste Eigenschaft der Röntgenstrahlung ist ihre Fähigkeit,

auch undurchsichtige Körper zu durchdringen.
Man kann also mit „Röntgenlicht"

fotografieren.
Röntgenlicht durchdringt das Zellgewebe

leicht, die Knochen dagegen schwerer.
Die Knochen bilden sich darum als

Schatten auf dem Röntgenschirm ab.
Der deutsche Physiker Wilhelm Conrad Röntgen

entdeckte diese Strahlung im Jahre 1895.

Mensch und Gesellschaft:

1 Die Deutsche Demokratische Republik nennt sich den Staat der

Arbeiter und Bauern, das wahre Vaterland der guten Deutschen.
Der gute Deutsche liebt sein

Vaterland und ist freundlich mit allen Völkern.
Er tritt für den gesellschaftlichen Fortschritt und für

die Vollendung des sozialistischen Aufbaus ein.
Er muß immer bereit sein, seine ganze

Kraft und Fähigkeit für die Verteidigung der Arbeiter-und-Bauern-Macht einzusetzen.
Die schöpferischen Kräfte vieler Generationen von

Arbeitern, Bauern und Kopfarbeitern sind in den Werten des Sozialismus verkörpert.
Die Vaterlandsliebe der DDR ist gleichzeitig der

Haß gegen die imperialistischen Feinde der Deutschen in Westdeutschland.
Man muß die Lehren der Geschichte verstehen, um die

Schlußfolgerung für das Heute zu ziehen.
Vor allem muß man den Kampf der Arbeiterbewegung gegen Militarismus und Krieg, für Frieden,

Demokratie und Sozialismus studieren.
Aufrechte Männer und Frauen stehen heute

an der Spitze der DDR.
Diese haben ihr ganzes Leben lang für

Frieden und Gerechtigkeit gekämpft, während die Imperialisten, die heute noch in Westdeutschland herrschen, dem Volk nur Not und Unglück brachten.
Das Wort „Heimatliebe" hat für die Herren der Banken und Konzerne, für die

Junker und Großgrundbesitzer nur Sinn als Herrschaft über das Volk und Bereicherung auf Kosten der Arbeiter.
Es sind immer noch Kriegsverbrecher und willfährige Handlanger der

Nazis, die in Westdeutschland bestimmen.
Die guten Deutschen in Westdeutschland dürfen sich nicht

zur Feindschaft gegen die DDR zwingen lassen.
Die DDR hat die gleichen Grundinteressen

wie der gute Deutsche in Westdeutschland.
In der DDR gehört alles: Land, Fabriken, Schulen, Laboratorien

dem ganzen Volk.
Hier sind Nationalismus und Krieg für immer

mit der Wurzel ausgerottet.
Die Einheit Deutschlands wird sich nicht von

selbst oder nur durch den guten Willen einstellen.
Die DDR will einen neuen Krieg verhindern, normale Beziehungen zwischen beiden

deutschen Staaten herstellen und die friedliche Zukunft der deutschen Nation gestalten.
Aber eine Verschmelzung der sozialistischen DDR mit

der westdeutschen BRD, die vom Monopolkapital beherrscht wird, ist unmöglich.
Erst nach einer durchgreifenden antiimperialistischen Revolution in

Westdeutschland können sich die beiden deutschen Staaten vereinigen.
Die Deutschen der DDR glauben, daß diese

Umwälzung in Westdeutschland historisch unvermeidlich ist.
Sie sind der Überzeugung, daß die westdeutschen Werktätigen

den gleichen langen steinigen Weg mit ihnen gehen werden.
Nur durch die Entwicklung der sozialistischen Produktion kann sich die Friedenspolitik in

friedlichem Wettbewerb mit dem Kapitalismus durchsetzen.
Aber die Jugend im wehrfähigen Alter hat die ehrenvolle Pflicht,

in den bewaffneten Organen des Arbeiter-und-Bauern-Staates zu dienen.
Die Bürger müssen immer bereit sein, die sozialistische

Gesellschaft mit der Waffe zu verteidigen.
Die Grundaufgabe der Nationalen Volksarmee ist, das Vaterland

zu schützen und das große Werk des sozialistischen Aufbaus militärisch zu sichern.
Und im Falle, daß ein Teil der sozialistischen Militärkoalition angegriffen wird,

ist sie bereit, den Feind auf seinem eigenen Boden zu vernichten.

Biologie:

1 „Symbiose" bedeutet: das dauernde

Zusammenleben zweier Lebewesen zum beiderseitigen Nutzen.
Symbiose besteht also zwischen

einem Schmarotzer und seinem Wirt.
Bei den pflanzlichen Schmarotzern unterscheidet man

zwischen Vollschmarotzern und Halbschmarotzern.
Vollschmarotzer haben kein

Blattgrün; sie ernähren sich völlig von ihren Wirten.
Halbschmarotzer haben Blattgrün und assimilieren das Kohlendioxid mit Hilfe davon; sie

entziehen aber ihren Wirten Nährsalze und Wasser.
Ein Beispiel für die Halbschmarotzer sind die

Misteln, die auf Laub- und Nadelbäumen wachsen.
Vollschmarotzer haben gewöhnlich eine bleiche oder

gelbbräunliche Farbe und sind an verschiedene Wirte gebunden.
Auch die Kletterpflanzen leben gewöhnlich mit anderen Pflanzen in engen Wechselbeziehungen, denn sie

können ihre Blätter und Blüten nur ans Licht bringen, indem sie an ihnen emporklettern.
Die Mitglieder einer Pflanzengesellschaft stehen in dauernder

Konkurrenz miteinander, denn sie nutzen gemeinsam die Lebensbedingungen ihres Standortes.
Die Pflanzen mit gleichem Lebensrhythmus (z. B. Frühblüher) stehen aber untereinander mehr im Wettbewerb

als solche, deren Hauptentwicklung zu verschiedenen Zeiten der Vegationsperiode erfolgt.
Die Nahrungskette bildet die wichtigsten

Beziehungen zwischen den Pflanzen und Tieren einer Lebensgemeinschaft.
In der Regel dienen die Pflanzen den Tieren als

Nahrungsgrundlage.
Auch wenn Raubtiere sich von Tieren und diese von anderen Tieren ernähren, langen wir

immer in dieser Kette der Verknüpfungen bei der Pflanzenwelt an.
Manche Tiere fressen nur bestimmte Pflanzen. Diese Tiere sind besonders eng

an bestimmte Pflanzengesellschaften gebunden.
Viele Insekten und auch andere Tiere nähren sich von Nektar und Blütenstaub, wobei

sie auch die Blüten bestäuben.
Farben und Duft dieser Blüten entsprechen dem Farbe- bzw.

Geruchssinn ihrer Bestäuber.
Daher kann man sagen, daß

die Tiere auch die Pflanzen beeinflussen.
Wenn die Pflanzen fehlten, würden die Tiere

nicht mehr leben können.
Wenn die Bestäuber fehlten, könnten auch

diese Pflanzen nicht bestehen.
Eine Tierart hat immer Konkurrenten, die

Konsumenten gleicher Stufe sind.
Sie hat auch Feinde, die

Konsumenten höherer Stufe sind.
Ihre Nahrung nennt man

Produzenten oder Konsumenten niederer Stufe.
Die Raubfliege, z. B., verfolgt und verzehrt die Schlupfwespe, die sich von der Rauperfliege ernährt;

diese frißt die Kieferneule, die von der Kiefer lebt.

Literatur:

1 Egon Witty war Schweißer in einer

großen Fabrik.
Als gewöhnlicher Schweißer hatte er eine gute Stellung, aber als Meister würde er mehr

verdienen und besser leben können.
Er hatte auch gute Aussichten, bald Meister zu werden, denn der alte Meister würde in

einem halben Jahr in Pension gehen.
An einem heißen Sommertag stand Egon Witty also vor

der Bürotür seines Meisters.
Er träumte vor sich hin, wie es sein würde,

Meister zu sein.
Es würde viele Vorteile geben: Seine jetzigen Kollegen würden ihn

„Herrn Witty" nennen.
Die Familie könnte eine

bessere Wohnung beziehen.
Die Kinder könnten in die Oberschule

gehen (wenn sie das Zeug dazu hatten).
Er könnte sich — statt des

Mopeds — einen Wagen leisten.
Ja, aber es waren auch

Nachteile dabei.
Er würde die Verantwortung für die ganze Schweißarbeit des

großen Betriebs auf sich nehmen müssen.
Nicht nur „wie" müßte er wissen,

sondern auch „wann", „wo" und „was".
Egon Witty hatte große Angst vor

dieser Verantwortung.
Er sagte sich, daß er so viel Verantwortung nicht auf

sich nehmen könnte.
Er würde schwer arbeiten, er würde für seine Familie schuften, Überstunden machen, damit

sie ein besseres Leben haben könnten.
Aber Meister werden könnte er nicht; das würde er

dem alten Meister sagen müssen.
Als er da stand und vor sich hin

träumte, öffnete sich plötzlich die Bürotür.
Der alte Meister

erschien; überrascht fuhr Egon Witty herum.
Der Alte lächelte ihn an, denn er hatte glückliche

Nachrichten: er mußte wegen Herzleiden schon in drei Tagen in Pension gehen.
Egon Witty würde schon

Meister werden.
Das schockierte Witty, aber dem Meister sagte er nichts von

seiner Angst.
Und plötzlich trat er ins Büro ein und sagte dem Meister, daß er einige

Zeichnungen vergessen hatte.
Er hatte wieder sein

Selbstvertrauen gefunden.

# TESTS

Test items are supplied for a possible testing schedule: two tests on the materials of the **Einführung**; two tests for each of the four Collections (eight in all), covering Units 1-3 and Units 4-6; texts and test items for final examinations, one for each Collection.

There are more items in each test than would be needed for any one exam, so that you can pick and choose the kinds of things you want to use. They are not meant to be prescriptive; they are designed to save you the drudgery of looking for examples of structures that you may want to test.

In making out examinations for different Collections to be used in the same class, three rules must be observed:

1) insofar as parallel questions are used in the different tests, they have to be prefaced by identical instructions;
2) parallel questions have to be given the same numerical weight in calculating grades;
3) the four tests have to add up to the same number of total points.

In multi-section courses using the same exams in all sections, one member of the staff must have responsibility and authority for the final coordination of the tests. When the tests have been graded, a curve valid for all sections has to be worked out for each Collection, because it is impossible to make all four tests of equal difficulty.

If test items are to be used in later semesters, it is advisable not to allow students to keep their tests, but to examine them only in the classroom or in the instructor's office.

Test items, Einführung, pages 1-48:

A Underline the subject of each main clause once, the subject of each subordinate clause twice.

1 Im Jahre 1810 stellte Humphry Davy fest, daß Chlor ein Element ist.
2 Heute wird es billig und in großen Mengen aus Kochsalzlösung gewonnen, durch die ein elektrischer Strom hindurchgeschickt wird.
3 Man nennt dies Verfahren Elektrolyse.
4 Chlor wird zum Bleichen benutzt; besonders bei der Papierfabrikation wird es in großen Mengen gebraucht.
5 Auch im Schweiß sind Chlorsalze enthalten; darum schmeckt er salzig.

B Rewrite the following sentences in the present tense.

1 Das Männlein trat plötzlich ins Zimmer herein.
2 Die Königin wußte nicht alle Namen.
3 Der Bote sah ein Haus.
4 Vor dem Haus brannte ein Feuer.
5 Ein Männlein hüpfte auf einem Bein und schrie.
6 Nylon wurde künstlich hergestellt.
7 Man erhielt ein Produkt, das sich zu Fäden ausziehen ließ.
8 Nach dem Abkühlen konnten die Fäden weiter gestreckt werden.

C Rewrite the following sentences in the perfect.

1 Der König schloß die Kammer selbst zu.
2 Nun traf es sich,...
3 Wie starb das Männchen?
4 Bliebst du allein im Zimmer?
5 Am nächsten Morgen fand ich die Kammer voll Stroh.

D Rewrite the following sentences in the future.

1 Man erhält ein neues Produkt.
2 Die Chemiker stellen weitere Versuche damit an.
3 Die neue Faser genügt allen Ansprüchen.
4 Nylon wird immer künstlich hergestellt.
5 Chlor kommt in der Natur nie frei vor.

E Identify the case of each underlined noun or pronoun by writing an "N" above each nominative, an "A" above each accusative, a "D" above each dative, and a "G" above each genitive.

1 Nylon war das Ergebnis von Versuchen, mit denen erforscht werden sollte, warum sich gewisse Moleküle zu „Riesenmolekülen" vereinigen, wie im Gummi und in der Baumwolle.
2 Eines Tages erhielt man ein Produkt, das sich wie geschmolzener Zucker zu Fäden ausziehen ließ.
3 Nach dem Abkühlen konnten die Fäden noch weiter gestreckt werden.
4 Das veranlaßte die Chemiker, weitere Versuche damit anzustellen.

F Identify the number of each underlined noun or pronoun by writing an "S" above each singular, a "P" above each plural.

1 Wie so viele andere Stoffe, die der Mensch produziert oder die Natur geschaffen hat, kann auch Chlor schädlich oder nützlich sein.
2 Im ersten Weltkrieg wurden schreckliche Giftgase aus Chlor verwendet.
3 Andererseits ist das Chlor eines der besten Hilfsmittel zum Schutz der Gesundheit.
4 Chlor ist in vielen Desinfektionsmitteln enthalten.
5 In den meisten Trinkwasseranlagen der Städte wird Chlor benutzt, um Bakterien abzutöten.
6 Dafür genügen vier bis fünf Teile flüssiges Chlor auf eine Milliarde Teile Wasser.

G Connect each pair of sentences with the coordinating or subordinating conjunction in parentheses. If the conjunction is given first, it is to be used with the first clause; if last, with the second.

1 (als) Der König erblickte das Gold. Er freute sich.
2 Sein Herz wurde noch goldgieriger. Er ließ die Müllerstochter in eine andere Kammer voll Stroh bringen. (und)
3 Was gibst du mir? Ich spinne dir das Stroh zu Gold. (wenn)
4 Die Königin fing so zu weinen an. Das Männchen hatte Mitleid mit ihr. (daß)
5 (wie) Der Bote kam an einen hohen Berg. Er sah ein kleines Haus.

H Rewrite the relative clause in each of the following sentences as an independent sentence, using the corresponding personal pronoun instead of the relative pronoun.

1 Das ist eine Kunst, die mir wohl gefällt.
2 Eines Tages erhielt man ein Produkt, das sich zu Fäden ausziehen ließ.
3 Die neue Faser, die den Namen Nylon bekam, genügte allen Ansprüchen.
4 „Polymer" ist eine zähe Flüssigkeit, die unter hohem Druck durch Spinndüsen hindurchgepreßt wird.
5 Chlor, das in der Natur nicht frei vorkommt, wurde zuerst von dem Chemiker Scheel dargestellt.

I Rewrite the following passive sentences as actives. [Remember that unless an agent or instrument is expressed in the passive sentence, the subject of the active sentence must be man.]

1 Chlor wird in Spezialtankwagen verschickt.
2 Chlor wird zum Bleichen benutzt.
3 Chlor wurde von dem Chemiker Scheel dargestellt.
4 Die Fasern werden zu einem Faden zusammengefaßt.
5 Die Müllerstochter wurde vom König in eine Kammer voll Stroh gebracht.

J Write four or five sentences in German on <u>one</u> of the following questions.

1 Wie wird Nylon hergestellt?
2 Warum kann man sagen, daß Chlor nützlich und schädlich ist?
3 Was für ein Mensch war die Müllerstochter in „Rumpelstilzchen"?
4 Wie wurde Rumpelstilzchens Name entdeckt?
5 Wie starb Rumpelstilzchen?

Test items, Einführung, pages 51-118:
[The texts to which grammar principles are applied in this test are the last three: pages 51-118. However, the grammar principles are taken from those discussed in the Comments on Grammar throughout the Einführung.]

A Underline the relative pronouns in the following sentences. (Some of the sentences do not have a relative pronoun.)

1 Wir haben uns angewöhnt, die Schweiz mit den Augen unserer Touristen anzusehen.
2 Wir leben in der Legende, die man um uns gemacht hat.
3 Der Schweizer ist überzeugt, daß nicht der Staat, sondern die Armee die Freiheit garantiere.
4 Ich brauche das Geld, mit dem ich bezahle, nicht umzurechnen.
5 Auffällig groß sind die Eckzähne, mit denen die Beute gepackt und festgehalten wird.
6 Hinter den Reißzähnen sind weitere Backenzähne vorhanden, die Mahlflächen besitzen und noch zum richtigen Kauen verwendet werden können.
7 Der Tisch stand auf einem rotbraunen Perserteppich, barocke Nußbaumfüße von einer weißen Batistdecke überhangen, in der noch die Schrankfalten zu sehen waren.
8 Marga sah das Sofa voller Kissen, die Standuhr mit hin- und herschwingendem Sonnenperpendikel, den schrägen Lichtbalken, der durch die offene Schiebetür eines helleren Zimmers fiel.
9 Oskar zog die rechte Hand aus der Tasche und ging zu Marga hin, die gerade aufstand.
10 Sie setzten sich, das Mädchen kam ins Zimmer und stellte die Suppenschüssel in die Tischmitte.

B Rewrite each sentence, making the change indicated in parentheses.

1 Einige Tiere spezialisieren sich auf einen bestimmten Nahrungserwerb. (perfect verb phrase)
2 Ähnliches beobachtet man bei Fleischfressern. (add "können")
3 Am Fehlen der typischen Nagezähne kann man die Spitzmäuse von den echten Mäusen unterscheiden. (omit "können")
4 Der hinterste Backenzahn blieb gänzlich unentwickelt. (perfect verb phrase)
5 Marga kennt Fondue nicht. (past tense)
6 Das Mädchen schob die Gardinen zur Seite. (present tense)
7 Hat es auch Ihnen geschmeckt? (present tense)
8 Das Mädchen nimmt die Teller weg. (future verb phrase)
9 Die Fondue wurde in einer Tonpfanne serviert. ("man" + active)
10 Man hat die Vorhänge aufgezogen. (perfect passive verb phrase)
11 Diese Gräser werden von der Kuh mit dem Maul und der Zunge abgerupft. (active)

C Indicate the case and number of each underlined noun: N = Nominative; A = Accusative; D = Dative; G = Genitive; S = Singular; P = Plural. DS = Dative Singular; GP = Genitive Plural, etc.

1 Mir fiel auf, daß ich an diesem Übergang immer viele Schweizer sah.
2 Die Tatsache, daß sie Schweizer sind, soll die Gefahr abwenden, soll ihnen Vorteile bringen, sogar hier bei ostdeutschen Volkspolizisten, die sie nicht zu ihren Freunden zählen.
3 Wir sind das Land der Freiheit und mit Schiller und den Ausländern davon überzeugt, daß wir die Freiheit mit Revolutionen erkämpft hätten.

4 Fleischfresser leben einzeln oder in kleinen Rudeln.
5 Im Unterkiefer sind diese Zähne nur noch verkümmert vorhanden und taugen nicht zum Abbeißen von Gräsern.
6 Das Gebiß des Maulwurfs ist zum Zerbeißen harter Insekten-Panzer eingerichtet.

D Using the vocabulary given, make the four possible imperatives: a) du; b) ihr; c) Sie; d) wir.

1 aufpassen
2 sprechen - nicht - mit ihnen
3 bleiben - hier
4 tragen - den Paß - gut sichtbar
5 geben - den Koffer - nicht - aus der Hand

E Underline the adjective-modifying adverbs in the following sentences.

1 Die Kuh hat eine auffällig lange Zunge.
2 Die Backenzähne haben sehr breite Kauflächen.
3 Der Hund hat ein anders gebautes Gebiß als die Katze.
4 Das voll entwickelte Gebiß des Menschen besteht aus 32 Zähnen.
5 Der unterirdisch lebende Maulwurf ist ein Fleischfresser.

F Combine each pair of sentences to make a "real" condition. The first sentence is to be made the condition, the second, the result.

1 Man ist in einem Land aufgewachsen. Man versteht die Sprache der Gegend.
2 Ein Löwe reißt im Jahr etwa 50 Zebras. In seinem Wohngebiet müssen mindestens 50 Zebras genügend Nahrung finden.
3 Ein Nagezahn bricht ab. Der gegenüberstehende Zahn wächst krankhaft weiter.
4 Der hinterste Backenzahn bleibt gänzlich unentwickelt. Der Mensch hat zeitlebens nur 28 Zähne.
5 Die Handschuhe fallen zu Boden. Man muß sich danach bücken.

G Underline the stressed syllable in each of the spaced verb forms.

1 Das Erlebnis des Krieges bestärkt uns in unserem Antikommunismus.
2 Wir haben uns angewöhnt, die Schweiz mit den Augen unserer Touristen zu sehen.
3 Der Schweizer ist überzeugt, daß nicht der Staat, sondern die Armee die Freiheit verteidige und garantiere.
4 Die Nahrung wird zwischen den Backenzähnen zerrieben.
5 Beim Pferd sind statt der Nagezähne Schneidezähne ausgebildet.
6 Prima, Mama, hast du sie hingekriegt!
7 Herr Sutor erhob sich dabei und zerknüllte die Serviette.
8 Sie hätte nicht den Mut gefunden, so unvermittelt aufzustehen.

H Write five-six sentences in German in answer to one of the questions.

1 Möchten Sie Bürger der Schweiz sein? Warum? / Warum nicht?
2 Was für ein Bild haben die Schweizer von ihrem Land?
3 Was sind einige Unterschiede zwischen Pflanzen- und Fleischfressern?
4 Was hat Marga ihren Freunden am Abend erzählt, nachdem sie bei Sutors gewesen war?
5 Was für Menschen waren die Sutors?

Test items for Physik und Chemie Units 1-3:

A Underline the subject of the main clause once, the inflected verb of the main clause twice.

1 Gelegentlich spricht man bei der Beschreibung der Feststoffe von molekularen Bestandteilen, z. B. von HgO-Molekülen.
2 In Wirklichkeit lassen sich aber keine HgO-Teilchen abgrenzen.
3 Wenn wir daher bei Feststoffen von „Molekülen" sprechen, müssen wir uns vor Augen halten, daß diese Ausdrucksweise einer späteren Ausschärfung bedarf.
4 So bestehen z. B. Sauerstoff und Stickstoff aus Molekülen zu je zwei Atomen.
5 Daher schreiben wir für diese Gase $O_2$ und $N_2$.
6 Elementsymbole und Formeln werden auch einfach als Abkürzungen für die Namen der betreffenden Elemente und Verbindungen gebraucht.

B Give the infinitive of each of the underlined verbs. Watch out for the separated components of compound verbs.

1 Die potentielle Energie wandelt sich in kinetische Energie des Wasserrades um.
2 Die Vorrichtung bleibt nie wieder stehen.
3 Da er in einzelnen Fällen fand, daß ein eingestrahltes α-Teilchen genau in der Einstrahlungsrichtung wieder zurückgeworfen wurde, war ihm klar,...
4 Er beschrieb das sogenannte Kernmodell des Atoms.
5 Jedoch ist es auf andere Weise gelungen, einzelne Atome nachzuweisen.
6 Diese Ausdrucksweise bedarf einer späteren Ausschärfung.

C Underline each form of **werden** in the following sentences and indicate its usage: independent (I), future (F), passive (P).

1 Der Satz von der Erhaltung der mechanischen Energie kann auf die Vorrichtung gar nicht angewendet werden.
2 Bei der beschriebenen Vorrichtung wird aber — wie bei jeder Maschine — mechanische Energie auch in Wärmeenergie umgewandelt.
3 Es hat sich gezeigt, daß die Atome mit physikalischen Mitteln in noch kleinere Elementarbausteine zerlegt werden können.
4 Aus dem materieerfüllten, kugelförmigen Atom der Daltonschen Zeit war ein verwickeltes Gebilde aus Kern und Elektronen geworden.
5 Die umlaufenden Elektronen werden langsamer werden.

D Indicate the gender of each of the underlined nouns by writing the appropriate nominative singular form of the definite article (der, die, das) in the space provided.

1 Es wird einmal Energie zugeführt, die zum Füllen des Oberbeckens mit Wasser dient.
2 Ein solches *perpetuum mobile* sollte dauernd in Bewegung bleiben.
3 Die Tabelle gibt uns einen Einblick in die großen Fortschritte der drei Naturwissenschaften.
4 Ein Erfinder des 17. Jahrhunderts schlug den Bau folgender Vorrichtung vor.

E Schreiben Sie die Reaktionsgleichungen zu:

1 Ein Atom Eisen verbindet sich mit einem Atom Schwefel zu einem Molekül Eisensulfid.
2 Zwei Moleküle Quecksilberoxid zerfallen in zwei Atome Quecksilber und ein Molekül Sauerstoff.

F Fill in the blanks from the list below. Some words in the list cannot be used at all, some can be used more than once.

Ein __________ des 17. Jahrhunderts schlug den ______ folgender Vorrichtung ________: Zwei ________ werden einmalig mit Wasser gefüllt. Das aus dem _______ ausströmende Wasser treibt ein Wasserrad _____ und fließt dabei in das Unterbecken. Durch das _______ wird eine ________ gedreht, welche das gesamte ________ Wasser wieder in das ________ befördert. Von dort kann es ______ abwärts fließen und das ______ weiter antreiben usw.

______ man eine solche Vorrichtung, so stellt man fest: Es ______ immer weniger Wasser in das _______ befördert, so daß schließlich überhaupt kein Wasser mehr im Oberbecken ist. Die gesamte ________ ist im Unterbecken. Die ______ bleibt stehen.

an
Bau
baut
Behälter
Behälters
Erfinder
erneut
heruntergeflossene
ist
Oberbecken
Unterbecken
vor
Vorrichtung
Wasser
Wassermenge
Wasserrad
Wasserschraube
wird

G Underline all genitive noun phrases in the following sentences and mark each one singular (S) or plural (P).

1 Ein Erfinder des 17. Jahrhunderts schlug den Bau folgender Vorrichtung vor.
2 Die potentielle Energie wandelt sich in kinetische Energie des Wasserrades um.
3 Die Vorrichtung ist ein *perpetuum mobile*, das sich auf dem Satz von der Erhaltung der mechanischen Energie aufbaut.
4 Träger der chemischen Eigenschaften bleiben die Atome.
5 Die kleinsten Teilchen einer Verbindung heißen Moleküle.

H Rewrite each of the following subordinate clauses as an independent sentence, omitting the subordinating conjunction and putting the inflected verb in its "independent" position.

1 daß gerade hundert Jahre zwischen der Entdeckung des Gesetzes von der Erhaltung der Masse bei chemischen Reaktionen und der Entdeckung des natürlichen radioaktiven Zerfalls liegen.
2 als er die Versuche Lenards mit α-Teilchen durchführte.
3 da umlaufende Elektronen dauernd elektromagnetische Wellen abstrahlen müßten.
4 so daß die Vorrichtung noch schneller zum Stillstand kommt.

I Give the antecedent of each of the underlined pronouns.

1 Träger der chemischen Eigenschaften aber bleiben die Atome. Zwischen ihnen spielen sich die chemischen Vorgänge ab.
2 Man findet beim Schwefeldioxid Teilchen, die aus einem Atom Schwefel und zwei Atomen Sauerstoff bestehen.
3 Rutherford beschrieb das sogenannte Kernmodell des Atoms, bei dem die Elektronen in Kreisbahnen um den Kern rotieren.

J Write 5-10 sentences on one of the following topics:

1 Beschreiben Sie ein Modell eines *perpetuum mobile*.
2 Beschreiben Sie Lenards Experimente und sagen Sie, was er daraus folgerte.
3 Was für ein Atommodell stellte sich Rutherford vor?

Test items for Mensch und Gesellschaft, Units 1-3:

A Give the infinitive of each of the underlined verbs. Watch out for the separated components of compound verbs.

1 Sie hat es mit Bravour fertiggebracht,...
2 ...die im Beruf standen,...
3 Es gilt weithin für unwahrscheinlich,...
4 Es geschah schon,...
5 Frauen üben kaum Nacht- oder Schichtarbeit aus.
6 Die Monopolherren des Westens versuchten, uns auf alle mögliche Weise Schaden zuzufügen.
7 Außerdem bemühten sie sich, Fachkräfte abzuwerben.
8 Diesen hinterhältigen Methoden hat unsere Regierung am 13. August 1961 endgültig einen Riegel vorgeschoben.

B Underline the subject of the main clause once, the inflected verb of the main clause twice.

1 Vorsicht, also, sagt sich ein jeder, vor intimerer Bekanntschaft mit den Leuten von nebenan.
2 Auch ans Ohr dringt manches aus Nachbars Leben.
3 Zu wem wird die Truhe ins Haus getragen?
4 Stolz erfüllt uns, wenn wir unsere Deutsche Demokratische Republik mit diesem kapitalistischen Staat vergleichen.
5 Größer als im Westen waren bei uns die Kriegsschäden.
6 Dem gewaltigen Aufbauwillen unserer im Sozialismus lebenden Werktätigen ist es zu danken, daß unsere Deutsche Demokratische Republik heute zu den ersten zehn Industrieländern der Erde gehört.

C Which of the following **-er** endings indicate comparative, which are case-endings?

1 Die Hälfte der Arbeitnehmerinnen hat Ausbildungsgänge von meist kurzer Dauer und mäßigem Anspruch absolviert.
2 Die Frauen in der Bundesrepublik sind im Durchschnitt ungebildeter als etwa der Durchschnitt der Frauen in Frankreich und den Benelux-Staaten.
3 Trotz besserer Ausbildung der jüngeren Frauen sind gerade sie nicht bereit,...
4 Die DDR ist — verglichen mit Westdeutschland — kleiner an Fläche und Bevölkerungszahl.
5 Westdeutschland ist wie das Vorkriegsdeutschland ein kapitalistischer Staat.
6 Größer als im Westen waren bei uns die Kriegsschäden.

D Rewrite each of the following subordinate clauses as an independent sentence, omitting the subordinating conjunction and putting the inflected verb in its "independent" position.

1 daß zu den Geboten guter Nachbarlichkeit auch die Gefälligkeit rechnet.
2 wenn man gänzlich kühlen Abstand wahrt.
3 daß auch in der Berufswelt der biologische Zustand der Frau zum Maßstab ihres Schicksals gemacht wird.
4 Obwohl rund 37% aller Berufstätigen Frauen sind,...
5 während vier Fünftel der Bevölkerung weniger als ein Zehntel des Volksvermögens besitzen.

E Underline each form of **werden** in the following sentences and indicate its usage: independent (I), future (F), passive (P).

1 Es ist sehr selten, daß Nachbarn Freunde werden.

2 Zu wem wird die Truhe ins Haus getragen?
3 Seit Jahren wird darüber geredet.
4 Insgesamt wurden fast 7000 Arbeiterinnen und Angestellte ... interviewt.
5 Sofern nichts Eingreifendes geschieht, werden bundesdeutsche Frauen die ahnungslosesten bleiben.
6 Unterstützt werden sie dabei durch ausländische Monopolherren.

F Rewrite the following direct questions and commands as indirect discourse.

1 Sind Nachbarn von Natur aus reizbar? — Ich frage mich, ______
2 Zu wem wird die Truhe ins Haus getragen? — Der alte Mann im zweiten Stock fragt sich, _____
3 Schau nicht in den Kinderwagen der Nachbarin! — Die unglückliche Frau sagt sich, daß sie _____

G Choose the most appropriate of the three words in parentheses to complete each of the statements below. Cross out the other two.

1 In Hamburg wurden kürzlich die (Ergebnisse, Stellungen, Stufen) einer Untersuchung zur Situation der erwerbstätigen Frau in der Bundesrepublik vorgelegt.
2 Die Frauen, sagt Professor Pross, sind nach Status und (Betrieb, Tatsache, Verdienst) so etwas wie die Gastarbeiter in einer ihnen fremden Gesellschaft.
3 Frauen (bilden, wenden, machen), verglichen mit Männern, für ihren Beruf weniger Zeit auf.
4 In Westdeutschland (bestätigen, betrachten, beherrschen) knapp zwei Dutzend großer Monopole acht Zehntel der gesamten Industrie, während vier Fünftel der Bevölkerung weniger als ein Zehntel des Volksvermögens besitzen.
5 Die Deutsche Demokratische Republik (gehört, beweist, bekommt) heute zu den ersten fünf Industrieländern Europas.

H Indicate the gender of each of the underlined nouns by writing der, die, or das in the space provided. Then indicate whether each one is singular or plural by writing S or P above it.

1 Die Möglichkeiten der Frauen sind schon kolossal.
2 Als Psychologin möchte ich gerne in der Heilpädagogik arbeiten.
3 Auf keinen Fall will ich in die Industrie oder in die Werbung gehen.
4 Was ich zu erhalten und zu geben wünsche, ist dauerhafte Liebe.
5 Man ist nicht in der Lage, einen größeren Arbeitsaufwand in den Beruf zu investieren.
6 Es steht kaum die Bereitschaft zum Engagement in eintönigen Berufen.

I Indicate by a check in the appropriate column whether the underlined noun or pronoun is dative or accusative. Then give the reason for the use of that case after the preposition: goal, position, or expression of time.

1 Man hat einander täglich vor Augen.
2 Auch ans Ohr dringt manches aus Nachbars Leben.
3 Dienstags geht die Frau auf den Markt.
4 Zu wem wird die Truhe ins Haus getragen?
5 Das Leben webt um uns, nebenan, über uns und unter uns.
6 Größer als im Westen waren bei uns die Kriegsschäden.
7 Diesen hinterhältigen Methoden hat unsere Regierung am 13. August 1961 endgültig einen Riegel vorgeschoben.

J Write 5-10 sentences in German on one of the following topics.

1 Was ist Barbara Bauers Vorstellung von der Ehe?
2 Warum können Nachbarn in einem großen Wohnblock nicht miteinander befreundet sein?
3 Warum sind die Frauen in Westdeutschland nach Professor Helga Pross in ihrem Beruf untergeordnet tätig und schlecht bezahlt?
4 Vergleichen Sie die Deutsche Demokratische Republik mit der westdeutschen Bundesrepublik vom Standpunkt der DDR aus.

## Test items for Biologie, Units 1-3:

A Underline the subject of the main clause once, the inflected verb(s) of the main clause twice.

1 Seit der Entdeckung der Zelle zu Beginn des 17. Jahrhunderts haben viele bedeutende Biologen immer genauer die Zelle und ihre Bestandteile erforscht.
2 Schwann und Schleiden erkannten die Zelle als kleinsten Baustein aller Lebewesen und begründeten damit die Zellenlehre.
3 Die wissenschaftliche Leistung der Forscher des 17. und 18. Jahrhunderts kann man nur dann richtig würdigen, wenn man bedenkt, mit welch einfachen optischen Geräten diese Ergebnisse erzielt wurden.
4 Wesentlichen Anteil haben daran auch die Physik, die Mathematik und die Technik, die die Anregungen der Biologen aufgriffen und ihnen immer bessere Mikroskope und andere optische Hilfsmittel zur Verfügung stellten.
5 Heute ist es mit Hilfe des Elektronenmikroskops möglich, auch die feinsten Bestandteile der Zelle sichtbar zu machen.

B Give the infinitive of each of the underlined verbs. Watch out for the separated components of compound verbs.

1 Krebs wird durch kranke, entartete Zellen hervorgerufen.
2 Diese Ergebnisse wurden mit einfachen optischen Geräten erzielt.
3 Gleiches gilt für das Pflanzen- und Tierleben der übrigen Bereiche.
4 Der weibliche Blütenstand wächst nach der Bestäubung zum eigentlichen Zapfen heran.
5 So ist die Gemeine Kiefer der Samenverbreitung durch den Wind angepaßt.
6 Es erschien vielen Naturbeobachtern nicht notwendig, dieser Tatsache besondere Bedeutung zuzuschreiben.
7 Die Kenntnis der Ursachen dieses Zusammenlebens trägt wesentlich zum richtigen Verständnis der lebenden Natur bei.
8 Andererseits wirken die Organismen auch auf ihren Lebensraum und damit wiederum auf sich selbst verändernd ein.
9 Es fällt uns sofort auf, daß das äußere Bild der Landschaft in erster Linie durch die Pflanzendecke bestimmt wird.

C From the list below, select the synonym of the expression given and write it in the space provided.

1 männliche Einzelblüten
2 Pollen
3 weibliche Blütenstände
4 Pflanze, bei der der Fruchtknoten fehlt
5 der weibliche Blütenstand bei Nadelgehölzen

Bedecktsamer
Blütenstaub
einhäusig
Fruchtblätter
getrenntgeschlechtig
Nacktsamer
Staubblätter
Windblütler
Zapfen
zweihäusig

D Rewrite each of the following subordinate clauses as an independent sentence, omitting the subordinating conjunction and putting the inflected verb in its "independent" position.

1 daß die Kenntnis der Ursachen dieses Zusammenlebens wesentlich zum richtigen Verständnis der lebenden Natur beiträgt.
2 weil dort die für sie günstigsten Lebensbedingungen vorhanden sind.
3 wenn es an die besonderen ökologischen Bedingungen des Lebensraumes und der ihm eigentümlichen Lebensgemeinschaft angepaßt ist.
4 daß das äußere Bild der Landschaft in erster Linie durch die Pflanzendecke bestimmt wird.

E Underline the extended adjective construction in each of the sentences below. Then select two of the sentences and translate them into English.

1 Die miteinander in Gesellschaft lebenden Organismenarten eines Lebensraumes bilden eine Lebensgemeinschaft.
2 Jede Lebensgemeinschaft besitzt einen durch die Bedingungen des jeweiligen Lebensraumes geformten besonderen Aufbau.
3 Das Individuum kann in der Gemeinschaft ständig nur leben, wenn es an die besonderen ökologischen Bedingungen des Lebensraumes und der ihm eigentümlichen Lebensgemeinschaft angepaßt ist.
4 Die feinsten Bestandteile der schon zu Beginn des 17. Jahrhunderts entdeckten Zelle sind heute mit Hilfe des Elektronenmikroskops sichtbar.
5 Die in dieser Forschungsarbeit gewonnenen Erkenntnisse über die Zelle sind zur Grundlage der Arbeit auf vielen Gebieten geworden.
6 Gemeine Kiefer, Gemeine Fichte, Weiß-Tanne und Europäische Lärche sind die bei uns am häufigsten vorkommenden Arten der Familie Kieferngewächse.

F Write the antecedent of each of the underlined pronouns in the space provided.

1 Krebs wird durch kranke, entartete Zellen hervorgerufen, die sich durch rasch aufeinanderfolgende Zellteilung schneller vermehren als gesunde Zellen. Sie verdrängen die normalen Körperzellen, dringen in sie ein und zerstören sie.
2 Man kennt heute die Zellbestandteile, durch die Merkmale der Eltern an die Nachkommen weitergegeben werden.
3 Der weibliche Blütenstand wächst nach der Bestäubung zum eigentlichen Zapfen heran. In diesem reifen die Samen.
4 Nur durch eigene Untersuchungen und deren Auswertung werden wir einen Einblick in die sehr komplizierten Gesetze gewinnen, von denen das Leben der Organismen in der Natur abhängt.
5 Jedes Lebewesen ist mit der gesamten Lebensgemeinschaft verbunden, zu der es gehört. Jedes Einzelwesen, das wir für sich betrachten, lösen wir aus einer Gemeinschaft heraus. In ihr kann es ständig nur leben, wenn es an die besonderen ökologischen Bedingungen des Lebensraumes und der ihm eigentümlichen Lebensgemeinschaft angepaßt ist.

G Underline each form of **werden** in the following sentences and indicate its usage: independent (I), future (F), passive (P).

1 Die in dieser Forschungsarbeit gewonnenen Erkenntnisse über die Zelle sind zur Grundlage der Arbeit auf vielen Gebieten geworden.
2 Viele Wissenschaftler sind gegenwärtig damit beschäftigt, zu erforschen, wodurch diese krankhaften Veränderungen der Zellen verursacht werden.
3 Erst wenn man die Ursache gefunden hat, wird es möglich sein, diese furchtbare Krankheit zu bekämpfen.

4 Die reifen Samen besitzen Flügel und werden vom Wind verbreitet.
5 Das Zusammenleben von Pflanzen und Tieren in der Natur wurde lange Zeit als etwas Selbstverständliches angesehen.
6 Nur durch eigene Untersuchungen und deren Auswertung werden wir einen Einblick in die sehr komplizierten Gesetze gewinnen, von denen das Leben der Organismen in der Natur abhängt.
7 Es fällt uns sofort auf, daß das äußere Bild der Landschaft in erster Linie durch die Pflanzendecke bestimmt wird.

H Indicate by a check in the appropriate column whether the underlined noun or pronoun is dative or accusative. Then give the reason for the use of that case after the preposition: goal, position, or expression of time.

1 Diese und viele andere wissenschaftliche Arbeiten haben die Zellforschung in den letzten Jahren in den Mittelpunkt der biologischen Wissenschaft gerückt.
2 Stärke, Eiweiße und Fette können in Vakuolen gespeichert werden.
3 Der weibliche Blütenstand und die männlichen Staubblätter stehen getrennt, aber auf dem gleichen Baum.
4 Mit ihrer langen Pfahlwurzel dringt die Kiefer tief in das Erdreich ein und kann auch auf sandigen Böden genügend Wasser und Nährstoffe aufnehmen.
5 In jüngerer Zeit wurde deutlich, daß...
6 Wir müssen in die Natur hinausgehen und die Pflanzen und Tiere in ihrer Umgebung untersuchen.
7 Eine Landschaft besteht aus zahlreichen größeren und kleineren Lebensräumen, in denen bestimmte Pflanzen- und Tierarten leben.
8 In ihm bildet eine Vielzahl von Organismen in ihrer Gesamtheit eine Lebensgemeinschaft.

I Underline all genitive noun phrases in the following sentences and mark each one singular (S) or plural (P).

1 Seit der Entdeckung der Zelle zu Beginn des 17. Jahrhunderts haben viele Biologen die Zelle und ihre Bestandteile erforscht.
2 Schwann und Schleiden erkannten die Zelle als kleinste Baustein aller Lebewesen.
3 Die wissenschaftlichen Leistungen der Forscher des 17. und 18. Jahrhunderts kann man nur dann richtig würdigen, wenn man bedenkt,...
4 Daß wir heute recht genau über den Bau und die Funktion der Zelle Bescheid wissen, ist nicht nur ein Verdienst vieler biologischer Wissenschaftler.
5 Heute ist es mit Hilfe des Elektronenmikroskops möglich, auch die feinsten Bestandteile der Zelle sichtbar zu machen.
6 Es ist sicher, daß die Ergebnisse der Zellforschung für die Entwicklung der Menschheit von ebenso großer Bedeutung sein werden wie die Nutzung der Atomenergie.

J Write 5-10 sentences in German on one of the following topics.

1 Beschreiben Sie einen Teich als Lebensraum!
2 Woran erkennt man die Familie Kieferngewächse?
3 Warum hat die Zellforschung so große praktische Bedeutung für die Medizin?
4 Wie unterscheidet sich die Pflanzenzelle von der Tierzelle?

Test items for Literatur, Units 1-3:

A Fill in the missing words in the following sentences from a summary of **Bekenntnis eines Hundefängers.** All the missing words are on the list of Words and Word Families for that story.

Der Erzähler dieser Geschichte ist Hundefänger von _____. Diese Tatsache zwingt ihn zu Handlungen, die er nicht immer reinen _____ vornehmen kann. Als Angestellter des Hundesteueramtes durchwandert er die Gefilde der Stadt, um _____ Hunde aufzuspüren. Er spricht mit Leuten, die ihre Hunde _____, merkt sich ihre Namen und Adressen und _____ dem Hund den Hals. Er befindet sich aber _____ im Zustand der Gewissensqual, weil es Hunde gibt, die er einfach nicht _____ kann. Sonntags macht er mit seiner Familie und ihrem auch nicht angemeldeten Hund einen ausgiebigen _____. Aber jetzt muß er einen anderen Weg _____, denn zwei Sonntage hintereinander ist er seinem Chef begegnet. Er kann dem Chef nicht sagen, daß er das _____ bricht, indem er seinen eigenen Hund nicht angemeldet hat.

B Give the infinitive of each of the underlined verbs. Watch out for the separated components of compound verbs.

1 Es versteht sich, daß die Frau alles aufbot, um ihren Mann aufzufinden.
2 Eine kleine Spur führte nicht weit und brach sogleich wieder ab.
3 Der Bäcker riet dem Manne, ins Nachbardorf zu gehen.
4 Die Frau wies alle Bewerber ab und wartete weiter.
5 Sie bat ihren Freier, rasch zum Bäcker zu gehen.
6 Ein alter Vagabund hielt der Frau ein Tütlein entgegen.
7 Es war der richtige Augenblick, was die Hefe betrifft.
8 Der Mann war auf das Nachbardorf zugeschritten.
9 Anstatt ins Nachbardorf zu gehen, bog er vom Wege ab.
10 So hub ein Wanderleben an, das ihn zwanzig Jahre lang durch die Welt führte.

C Underline each form of **werden** in the following sentences and indicate its usage: independent (I), future (F), passive (P).

1 Wie wird sie sich wohl verhalten?
2 Ich weiß, daß der Hund demnächst fünfzig Mark einbringen wird.
3 Ich überwache, wohin die Jungen gebracht werden, lasse sie ahnungslos groß werden ...
4 Ich versuche, meiner inneren Gewissensqual Herr zu werden.
5 Manche werden mich für einen Zyniker halten, aber wie soll ich es nicht werden?
6 Es hatte ihr noch niemand den Gefallen getan, vor ihrem Haus niedergefahren zu werden.
7 Der alte Mann lachte, dann wurde er ernst.

D Mark the gender of each underlined noun by writing the appropriate nominative singular form of the definite article, **der**, **die**, or **das**, in the space provided.

1 Aufflammende Straßenlaternen machen einen merkwürdigen Eindruck unter der Sonne.
2 Sie bewegte leicht den Kopf.
3 Er nahm ein Tuch aus der Tasche und begann zu winken.
4 Er kreuzte die Arme über der Brust.
5 Die Fenster des Vorraums sahen auf den Hof.
6 Er trug sein Kissen auf dem Kopf und die Bettdecke um die Schultern.
7 Das Kind warf das Lachen mit aller Kraft den Wachleuten ins Gesicht.

8 Mein besonderes Interesse gilt trächtigen Hündinnen, die der freudigen Geburt zukünftiger Steuerzahler entgegensehen.
9 So befinde ich mich im Zustand der Gewissensqual.
10 Mein eigener Hund ist ein Bastard, den meine Frau liebevoll ernährt.

E Indicate by a check in the appropriate column whether the underlined noun or pronoun is dative or accusative. Then give the reason for the use of that case after the preposition: goal, position, or expression of time.

1 Ich hocke stundenlang in dornigen Gebüschen der Vorstadt.
2 Oder ich ducke mich hinter Mauerreste und lauere einem Fox auf.
3 Schweißtropfen sammeln sich auf meiner Stirn.
4 Ich bin fünfzig, und in meinem Alter wechselt man nicht mehr gern.
5 Ich habe mich ein eine Situation begeben, aus der mir kein Ausweg möglich erscheint.
6 Das Mädchen heiratet aus Ärger / den ersten besten Mann, / der ihr in den Weg gelaufen.
7 Ein Fichtenbaum steht einsam / im Norden auf kahler Höh.
8 Der kranke Sohn und die Mutter, / die schliefen im Kämmerlein; / da kam die Mutter Gottes / ganz leise geschritten herein.
9 Sie beugte sich über den Kranken, / und legte ihre Hand / ganz leise auf sein Herze / und lächelte mild und schwand.
10 Die Mutter schaut alles im Traume, / und hat noch mehr geschaut.

F Underline the stressed syllable in each of the spaced verbs.

1 Die Frau fuhr herum und gewahrte einen alten Vagabunden.
2 Ihr verschwundener Mann war nach langer Irrfahrt endlich heimgekehrt.
3 Wo hatte er sich bloß so lange herumgetrieben?
4 Jetzt erfuhr es die Frau, und wir erfahren es mit ihr.
5 Der Mann war seinerzeit auf das Nachbardorf zugeschritten.
6 Während der Vorstellung verliebte er sich in eine Reiterin.
7 Was konnte sie anders tun, als den Freier eilends fortzuschicken?
8 Sie unterschied schon drei Gassen weiter das Hupen des Überfallautos.
9 Erst als der Wagen schon um die Ecke bog, gelang es der Frau, sich von seinem Anblick loszureißen.
10 Von den Stufen beobachteten sie, wie die Männer die Tür aufbrachen.

G Using either "sollte + infinitive" or "hätte + infinitive + sollen" and vocabulary from the sentence given, translate the English sentences into German. Example:

Sie arbeiteten schnell.
*They should work more quickly.*
Sie sollten schneller arbeiten.
*They should have worked more quickly.*
Sie hätten schneller arbeiten sollen.

1 Die Frau wartete auf ihren Mann.
*The woman should wait for her husband.*
*The woman should have waited for her husband.*
2 Man riet ihr zu, sich einen neuen Mann zu nehmen.
*She should get herself a new husband.*
3 Was konnte sie anders tun, als den Freier fortzuschicken?
*She should not have sent the suitor away.*
4 Sie nahm ihren Mann wieder auf.
*She should not have taken her husband back.*

H Give the antecedent of each of the underlined pronouns.

1 Das Licht machte den merkwürdigen Eindruck, den aufflammende Straßenlaternen unter der Sonne machen.
2 Meint er mich? dachte die Frau. Die Wohnung über ihr stand leer.
3 Unterhalb lag eine Werkstatt, die um diese Zeit schon geschlossen war.
4 Er schien das Lachen eine Sekunde lang in der hohlen Hand zu halten und warf es dann hinüber.
5 Die Polizisten waren abgesprungen, und die Menge kam hinter ihnen und der Frau her.
6 Sobald man die Leute zu verscheuchen suchte, erklärten sie einstimmig, in diesem Haus zu wohnen.
7 An eines der erleuchteten Fenster war ein Gitterbett geschoben, in dem aufrecht ein kleiner Knabe stand.
8 Ich wohnte mit meiner Mutter, / zu Köllen in der Stadt, / der Stadt, die viele Hundert / Kapellen und Kirchen hat.
9 Und neben uns wohnte Gretchen, / doch die ist tot jetzund.
10 Die Mutter faltet die Hände, / ihr war, sie wußte nicht wie.

I Rewrite each of the following subordinate clauses as an independent sentence, omitting the subordinating conjunction and putting the inflected verb in its "independent" position.

1 daß er keinen Hut aufhatte
2 bis sie plötzlich nur mehr seine Beine in die Luft ragen sah
3 als sein Gesicht gerötet, erhitzt und freundlich wieder auftauchte
4 sobald man die Leute zu verscheuchen suchte
5 als die Tür aufflog
6 daß ich sonntags einen ausgiebigen Spaziergang mit Frau und Kindern und Pluto zu schätzen weiß
7 indem ich meinen Diensteifer verdoppele
8 da ich dauernd mit Hunden zu tun habe

J Write 5-10 sentences in German on one of the following topics.

1 Was muß der Hundefänger tun, um sich zu ernähren?
2 Wie lange würden Sie auf Ihre verschwundene Frau / Ihren verschwundenen Mann warten? Was würden Sie inzwischen tun?
3 Erzählen Sie die Geschichte des „Fenster-Theaters" vom Standpunkt des alten Mannes oder eines der Polizisten aus.

Test items for Physik und Chemie Units 4-6:

A Give the infinitive of each of the underlined verbs. Watch for separable verbs.

1 Mayer erkannte an dem Zusammenhang zwischen Wärme und mechanischer Energie, daß...
2 Joule führte Untersuchungen über den Zusammenhang zwischen mechanischer Energie und Wärmeenergie durch.
3 Wiederholt man den Vorgang mehrere Male nacheinander, so tritt eine gut meßbare Temperaturerhöhung ein.
4 Damit war experimentell bewiesen, daß...
5 Energie wird stets aus einer anderen Energieart gewonnen.
6 Das Energieprinzip gilt nicht nur auf der Erde, sondern im ganzen Weltraum.
7 Die verschiedenen Energiearten wandeln sich ständig ineinander um, aber trotzdem...
8 Durch die Absorption eines Lichtquants wird das Elektron von einer inneren auf eine äußere Bahn gehoben.
9 Wir sehen, daß nun die acht Elektronen untergebracht sind.
10 Die Zahl der Elektronen nimmt von Element zu Element zu.

B Find the subject of each verb in the following sentences. Underline once the noun(s) or pronoun(s) used as subject(s) of the main verb(s), and twice those used as subjects of verbs in subordinate clauses.

1 Die in den Kesselhäusern von Turbinenanlagen durch Verbrennen von Kohle gewonnene Energie wird in den Turbinen in Wärmeenergie umgewandelt.
2 An einer Kletterstange läßt man sich nicht mit geschlossenen Händen heruntergleiten, da man sich die Hände verbrennen kann.
3 Ebenso erwärmen sich andere Werkzeuge, wenn sie eingesetzt werden.
4 In einem mit Wasser gefüllten Kalorimeter wird ein mechanisches Rührwerk mit Hilfe von zwei absinkenden Gewichtsstücken in Umdrehung versetzt.
5 Durch das Rührwerk wird das Wasser in wirbelnde Bewegung versetzt und infolgedessen erwärmt.
6 Beim Antrieb einer Säulenbohrmaschine wird mit Hilfe des Elektromotors elektrische Energie in mechanische Energie umgewandelt.
7 Damit war der Zusammenhang zwischen den beobachteten Spektrallinien und dem Atombau hergestellt.
8 Gerade die an Spektren weitergeführten Untersuchungen zeigten aber, daß bei einem bestimmten Übergang des Elektrons von einer Bahn auf eine niedrigere nicht nur eine Linie, sondern zwei oder mehrere dicht gelagerte Spektrallinien feststellbar waren.
9 Die Zahl, die besagt, zu welchen Ellipsenbahnen eine Kreisbahn Bohrscher Form jeweils entarten darf, ist nach Sommerfeld die Nebenquantenzahl.
10 Mit steigender Hauptquantenzahl steigt die Zahl möglicher Ellipsenbahnen.

C Underline the complete extended adjective construction in each of the following sentences. Select one (or two) and rewrite as noun + relative clause.

1 In einem mit Wasser gefüllten Kalorimeter wird ein mechanisches Rührwerk mit Hilfe von zwei absinkenden Gewichtsstücken in Umdrehung versetzt.
2 Somit wird ein Teil der vom Elektromotor abgegebenen mechanischen Energie in Wärmeenergie umgewandelt und geht der Nutzung verloren.
3 Gerade die an Spektren weitergeführten Untersuchungen zeigten aber, daß bei einem bestimmten Übergang des Elektrons von einer Bahn auf eine niedrigere nicht nur eine Linie, sondern zwei oder mehrere dicht gelagerte Spektrallinien feststellbar waren.

4 Unter den durch das Entladungsrohr fliegenden Elektronen sind einige so schnell, daß sie nicht nur die Luftmoleküle zum Leuchten anregen, sondern durch die Wucht ihres Aufpralls auch Elektronen aus den Molekülen herausschlagen und sie dadurch in positive Ionen verwandeln.
5 Zur Erklärung des Periodensystems war die Angabe der auf einer Schale möglichen Elektronen von großer Bedeutung.
6 Deshalb bleiben auch alle mit diesem Modell gegebenen „Erklärungen" fraglich.

D With what conjunction could each of the following sentences begin and still retain exactly the same meaning?

1 Wiederholt man den Vorgang mehrere Male nacheinander, so tritt eine gut meßbare Temperaturerhöhung ein.
2 Füllen wir diese Schale auf, so ergibt sich die Reihe nach Abb. 4.
3 Pumpen wir einen Teil der Gasmoleküle aus dem Rohr heraus, so erreichen die Ionen eine gewisse Geschwindigkeit, mit der sie auf das Kathodenblech auftreffen.
4 Hat das auftreffende Elektron eine geringe Geschwindigkeit, so prallt es von dem getroffenen Molekül ab wie ein Ball, der gegen eine Wand geworfen wird.
5 Ist die Geschwindigkeit des Elektrons größer, so gibt es beim Auftreffen nahezu seine ganze Wucht an das Molekül ab.
6 Ist das Glasrohr selbst gefärbt oder mit Leuchtstoff versehen, so verändert sich die Farbe des Leuchtens entsprechend.

Rewrite two of the above sentences, supplying the conjunction which provides the alternate phrasing of the same meaning.

E Identify the use of **werden** in each of the following sentences: independent (I); future verb phrase (F); passive verb phrase (P).

1 Das violette Band wird breiter und füllt fast den ganzen Innenraum des Rohres aus.
2 Wird an die Elektroden der Entladungsröhre eine hohe Spannung gelegt, so bewegen sich z. B. die positiven Ionen zur Kathode.
3 Dabei werden sie nicht nur abgelenkt, sondern auch gebremst.
4 Es prallt von dem getroffenen Molekül ab wie ein Ball, der gegen eine Wand geworfen wird.
5 Die aufgenommene Energie wird von dem getroffenen Molekül umgehend in Form eines Lichtblitzes wieder ausgestrahlt.
6 Wenn dem Helium etwas Quecksilber beigemischt wird, das schnell verdampft, wird das Leuchten blau.
7 Gas unter niederem Druck leuchtet auf, wenn es von schnellen Elektronen getroffen wird.
8 Nach der Oktettregel wird das eine Elektron des Natriums zum Chlor übergehen, das auf diese Weise eine Achterschale aufbaut.
9 Dadurch wird aber das Natrium positiv und das Chlor negativ geladen, beide ziehen sich an.
10 Die bisherigen Bahnen wurden räumliche Orbitale.

F Indicate the case and number of each underlined noun: N = Nominative; A = Accusative; D = Dative; G = Genitive; S = Singular; P = Plural. DS = Dative Singular; GP = Genitive Plural, etc.

Bei diesem Modell ist nicht die räumliche Lage der einzelnen Bahnen berücksichtigt. Ihre räumliche Orientierung wird durch die magnetische Quantenzahl gekennzeichnet. Schließlich muß man auf Grund bestimmter spektralanalytischer Beobachtungen dem Einzelelektron eine weitere Eigenschaft zuweisen: Jedes Elektron führt eine Drehbewegung aus, die man

Spin nennt. Richtung und Wert dieses Spins gibt die Spinquantenzahl an.

G Translate each of the underlined prepositional phrases into idiomatic English.

1 Bei allen elektrischen Heizgeräten wird elektrische Energie in Wärmeenergie umgeformt.
2 Durch das Rührwerk wird das Wasser in wirbelnde Bewegung versetzt.
3 Nach der Oktettregel, die besagt, daß jedes dieser Atome nach Möglichkeit acht Elektronen auf einer Schale zu vereinigen sucht, wird also das eine Elektron des Natriums zum Chlor übergehen.

H Underline each adverb which modifies an adjective.

1 Zwischen der mechanischen Energie und der Wärmeenergie besteht ein bestimmter, zahlenmäßig angebbarer Zusammenhang.
2 Wiederholt man den Vorgang mehrere Male nacheinander, so tritt eine gut meßbare Temperaturerhöhung ein.
3 Die hier entwickelte Vorstellung vom Elektron ist die eines genau bestimmbaren Teilchens.
4 Die drei zunächst willkürlichen Bohrschen Hypothesen sind unbefriedigend.
5 Das Energieprinzip ist von außerordentlich großer Bedeutung für alle Naturwissenschaften und auch für die Technik.
6 Stark verdünnte Luft leitet die Elektrizität.

I Write the antecedent of each of the underlined pronouns.

1 Die Ionen erreichen eine gewisse Geschwindigkeit, mit der sie auf das Kathodenblech auftreffen. Durch ihre Wucht schlagen sie dann aus dem Kathodenblech Elektronen heraus, die zur Anode wandern.
2 Die hier entwickelte Vorstellung vom Elektron ist die eines materiell genau bestimmbaren Teilchens.
3 Man bezeichnet diese Tatsache als den ersten Hauptsatz der Wärmeenergie. Er ist ein sehr wichtiges Naturgesetz.
4 Wenn wir den Luftdruck mit einer Glasspritze erhöhen, steigt die Quecksilbersäule. Sie sinkt, wenn man ihn erniedrigt.

J a) Rewrite in the active:

Durch das Rührwerk wird das Wasser in wirbelnde Bewegung versetzt.

b) Rewrite in the passive:

Der deutsche Chemiker Helmholtz erkannte die Allgemeingültigkeit des Satzes für alle Energiearten.

c) Rewrite each of the following sentences, substituting the expression man + inflected verb + direct object for the passive.

1 Jetzt wird die Spannung eingeschaltet.
2 Die Quecksilbersäule sinkt, wenn der Luftdruck erniedrigt wird.

d) Rewrite each of the following sentences, substituting the expression lassen + sich + infinitive for können + passive

1 Energie kann nicht aus dem Nichts gewonnen werden.
2 Nur die einzelnen Energiearten können ineinander umgeformt werden.

K Translate the following sentences into English.

1 Da die Pumpe weiterarbeitet, sinkt der Luftdruck im Rohr noch tiefer.
2 Wird an die Elektroden der Entladungsröhre eine hohe Spannung gelegt, so bewegen sich die positiven Ionen zur Kathode.

L Match up the beginnings of sentences (Column A) with their ends (B). (There are two more sentence parts in Column B than in Column A.)

1 Rutherford hat das Atommodell als
2 Niels Bohr entwickelte aus dem Rutherfordschen Atommodell
3 Anfang des neunzehnten Jahrhunderts entwickelte Dalton
4 Wird Metall gebogen oder geschlagen,
5 Es gibt ein bestimmtes Umrechnungsverhältnis von
6 Dieses Umrechnungsverhältnis bezeichnet man als
7 Bei der Verbrennung wird
8 Bei der Reibung entsteht
9 Bei allen mechanischen Vorgängen bleibt
10 Eine Zunahme der Wärmeenergie ist mit
11 Ein *perpetuum mobile* wäre eine Vorrichtung,
12 Die verschiedenen Energiearten wandeln sich ständig ineinander um, aber trotzdem
13 Das Weltall befindet sich
14 Geht ein Elektron von einer äußeren Bahn auf eine innere über,
15 Ein Elektron kann auch von einer inneren auf eine äußere Bahn
16 Die Angabe der auf einer Schale möglichen Elektronen ist von großer Bedeutung,

a so wird Licht emittiert.
b die Summe aus mechanischer Energie und Wärmeenergie stets gleich.
c einer Abnahme an mechanischer Energie verbunden.
d verkleinertes Bild des Planetensystems angesehen.
e mechanisches Wärmeäquivalent.
f gehoben werden.
g chemische Energie in Wärmeenergie umgesetzt.
h ändert sich die Summe aller Energien nicht.
i mechanischer Energie in Wärmeenergie.
j so erwärmt es sich.
k Wärmeenergie aus mechanischer Energie.
l wenn man das Periodensystem erklären will.
m durch die Absorption eines Lichtquants.
n ein neues Atommodell, das die Mannigfaltigkeit der Linienspektren zu erklären vermochte.
o die ohne Energiezuführung Arbeit verrichten könnte.
p die erste Tabelle der Atomgewichte.
q Wärmeenergie aus chemischer Energie.
r in ständiger Bewegung und Veränderung.

M Write five to ten sentences in German on one of the following topics or questions:

1 Erklären Sie — mit Beispielen — den Satz von der Erhaltung der Energie.
2 Inwiefern waren Bohrs drei Hypothesen richtig, inwiefern waren sie falsch?
3 Beschreiben Sie einen Versuch, der beweist, daß stark verdünnte Luft die Elektrizität leitet.

Test items for Mensch und Gesellschaft, Units 4-6:

A Find the subject of each verb in the following sentences. Underline once the noun(s) or pronoun(s) used as subject(s) of main verb(s), and twice those used as subjects of verbs in subordinate clauses.

1 Wenn man heute von „deutscher Emigration" spricht, denkt man zunächst nicht an die unzähligen aus rassischen oder politischen Gründen zur Auswanderung Gezwungenen, sondern an die Künstler, Universitätsprofessoren und Politiker, die im Ausland das Bild eines anderen, besseren Deutschland zu bewahren wußten.
2 Universitätsprofessoren, die emigrieren mußten, fanden hin und wieder Lehrstühle auch in kleineren Ländern.
3 Trotz aller Propaganda nahm das kulturelle Leben im Dritten Reich nicht völlig jene Züge an, die die Machthaber ihm aufprägen wollten.

4 Mit 20 Jahren, wenn der Schweizer männlichen Geschlechtes handlungs- und wehrfähig wird, erlangt er auch das Stimm- und Wahlrecht.
5 Wenn man in der Schweiz immer mehr gewahr wird, daß sie mit der Ablehnung des Frauenstimmrechtes bald ganz allein auf weiter Flur steht, und daß auch die Charta von San Francisco und die Europäische Menschenrechtskonvention die Gleichberechtigung der Frau als ein Grundrecht erklären, wird der Widerstand hoffentlich weiter nachlassen.

B Give the infinitive of each of the following verbs. Watch for separable components and reflexive usages.

1 Ließ man sie an der Grenze herein?
2 In Paris, London...entstanden deutsche Exilverlage.
3 Im Exil wurden viele Bücher, auch von jüngeren und weniger bekannten Schriftstellern veröffentlicht.
4 Viele Wissenschaftler und Künstler waren von den Nationalsozialisten umgebracht worden.
5 Ein heimlicher Kampf gegen die politische Bevormundung spielte sich oft hinter den Kulissen ab.
6 Wenn Nachrichten über den inneren Widerstand nach außen drangen, dann bestärkten sie die Flüchtlinge im Ausharren.
7 Einige Kantone setzen das passive Wahlrecht, die Wählbarkeit in die gesetzgebende und in die Regierungsbehörde höher an, auf das 25. oder 27. Lebensjahr, statt auf das 20. wie der Bund.
8 Doch kündigt sich gegenwärtig ein allmählicher Wandel der Auffassungen an.

C Give the antecedent of each underlined pronoun.

1 Wenn man in der Schweiz immer mehr gewahr wird, daß sie mit der Ablehnung des Frauenstimmrechtes bald ganz allein auf weiter Flur steht,...
2 Doch hat der Bund den Kantonen anheimgestellt, ob sie den Stimmzwang verhängen.
3 Dieser in der Industrie- und Massengesellschaft verbreitete Typus nimmt zwar an den politischen Vorgängen und Entscheidungen immer noch einigen Anteil, aber er fühlt sich nicht mehr zum Einsatz aufgerufen,...
4 Immerhin erreichte Hitler für die deutsche Kultur etwas, was sie ohne ihn nie hätte erreichen können.
5 Schriftsteller und Journalisten entwickelten darin geradezu eine Kunstfertigkeit und die Leser, die Gegner des Regimes waren, ein entsprechendes Verstehen.
6 Wenn Nachrichten über den inneren Widerstand nach außen drangen, dann bestärkten sie die Flüchtlinge im Ausharren.
7 Es scheint, daß man weitherum das Frauenstimmrecht besonders für Schule und Kirche als angezeigt erachtet. Die protestantischen Kirchen kennen es zum Teil in den Wahlen und Abstimmungen der Kirchgemeinden.

D Indicate the case and number of each underlined noun: N = Nominative; A = Accusative; D = Dative; G = Genitive; S = Singular; P = Plural. DS = Dative Singular; GP = Genitive Plural, etc.

Die eigene Regierung verbot wenig später den Deutschen, die bis dahin einen großen Teil der Nobelpreisträger gestellt hatten, den Preis anzunehmen, und stiftete zum ‚Trost' und als eine Art Ersatz einen ‚Deutschen Nationalpreis für Kunst und Wissenschaft'. Vielen Künstlern, die im Lande geblieben waren, wurde nicht erlaubt, ihren Beruf auszuüben: es erschienen staatliche Kontrolleure in den Ateliers, die festzustellen hatten, daß dort nicht gearbeitet wurde. Eine beschämendere Situation läßt sich im ‚Lande der Dichter und Denker' kaum vorstellen.

E Underline each adverb which modifies an adjective.

1 Widerstandskämpfer kamen aus der politisch verfolgten Linken.
2 Manche ihrer Führer wurden in sehr jungen Jahren in hohe Ämter gewählt.
3 Die schweizerische Frauenbewegung entfaltet eine dankbar anerkannte Wirksamkeit auf dem Gebiete der gemeinnützigen und wohltätigen Bestrebungen.

F Identify the use of **werden** in each of the following sentences: independent (I); future verb phrase (F); passive verb phrase (P).

1 Vielen Künstlern, die im Lande geblieben waren, wurde nicht erlaubt, ihren Beruf auszuüben.
2 Die Folgen für das deutsche Kulturleben werden noch lange zu erkennen sein.
3 Die NSDAP war zunächst zur Beaufsichtigung der deutschen Diplomaten und zur Propaganda im Ausland geschaffen worden.
4 Viele Wissenschaftler und Künstler leisteten in Deutschland selbst Widerstand oder waren von den Nationalsozialisten umgebracht oder in Konzentrationslager verschleppt worden.
5 Mit 20 Jahren, wenn der Schweizer männlichen Geschlechtes handlungs- und wehrfähig wird, erlangt er auch das Stimm- und Wahlrecht.
6 Den fremden Leser wird es wundern, warum bis jetzt in der Schweiz das Frauenstimmrecht nicht allgemein eingeführt wurde.
7 Die Neuerung muß zuerst in den Kantonen ausprobiert werden.
8 Wenn man in der Schweiz immer mehr gewahr wird, daß sie mit der Ablehnung des Frauenstimmrechtes bald ganz allein auf weiter Flur steht,...wird der Widerstand hoffentlich weiter nachlassen.

G The word **war/waren** occurs in each of the following sentences. Decide whether it is used independently or in a perfect verb phrase and write its appropriate translation, "was/were" or "had" in the space provided.

1 Nur dort waren die Emigranten vor dem Zugriff der SS sicher.
2 An der Spitze standen diejenigen, die offiziell und mit großer Bekanntmachung ‚ausgebürgert' worden waren.
3 Vielen Künstlern, die im Lande geblieben waren, wurde nicht erlaubt, ihren Beruf auszuüben.
4 Das Programm war reglementiert und diktiert.
5 Als im 19. Jahrhundert die radikale Partei, deren Werk der Bundesstaat im wesentlichen war, ihre großen Erfolge erzielte,...

H Underline all genitive noun phrases (including modifiers) in the following sentences. Some sentences have more than one.

1 Anerkannter Repräsentant der Emigration für die, die in ihr die Weiterführung deutscher Kultur sahen und auch heute noch sehen, ist der Schriftsteller und Nobelpreisträger Thomas Mann.
2 Er hat auf die ‚Aberkennung' der Ehrendoktorwürde der Universität Bonn mit einem Brief geantwortet, der ein Dokument nationaler Würde und menschlicher Größe im Unglück ist.
3 Der Widerstand des aufmerksamen Publikums begann im kleinen.
4 Schriftsteller und Journalisten entwickelten darin geradezu eine Kunstfertigkeit und die Leser, die Gegner des Regimes waren, ein entsprechendes Verstehen.

I Make an independent sentence out of the relative clause in each of the following sentences, using the antecedent of the relative pronoun.

1 Viele Emigranten, die sich in Wien in Sicherheit gewähnt hatten, mußten sich wieder auf die Flucht begeben.

2 Thomas Mann hat auf die ‚Aberkennung' der Ehrendoktorwürde der Universität Bonn mit einem Brief geantwortet, der ein Dokument nationaler Würde und menschlicher Größe im Unglück ist.
3 Helmut Landshoff wurde zeitweilig von Klaus Mann beraten, mit dem zusammen er die erste literarische Zeitschrift der Emigration herausgab.

J Underline the complete extended adjective construction in each of the following sentences. Select one and rewrite it as noun + relative clause.

1 Auch die zahlreichen in der Schweiz lebenden Ausländer — 1910 bestanden 17% der Bevölkerung aus Ausländern, 1930 noch etwa 9%, 1936 nun sogar rund 17,5%, wovon allerdings über zwei Drittel in der Stellung von Gastarbeitern — üben hier kein Stimmrecht aus.
2 Vielerorts in unserm Lande herrscht die wohl auf den germanischen Brauch zurückgehende Ansicht, daß die Frau ins Haus gehöre.
3 Dieser in der Industrie- und Massengesellschaft verbreitete Typus nimmt zwar an den politischen Vorgängen und Entscheidungen immer noch einigen Anteil, aber er fühlt sich nicht mehr zum Einsatz aufgerufen, und seine Grundhaltung und seine Neigungen sind für den grundlegenden Consens der Eidgenossenschaft gleichgültiger geworden.

K Rewrite each of the following sentences, substituting the pattern "man + inflected verb + direct object" for the passive verb phrase.

1 In der Schweiz wurde das Frauenstimmrecht erst 1971 eingeführt.
2 Die Neuerung muß zuerst in den Kantonen ausprobiert werden.

L Choose the most appropriate word to complete each of the statements below. Cross out the inappropriate words.

1 Im Zweiten Weltkrieg blieben nur die Schweiz und Schweden von einer Besetzung (bedroht, bestimmt, verschont) — nur dort waren die Emigranten vor dem Zugriff der SS- und Polizeieinheiten sicher.
2 Vielen Künstlern, die in Deutschland geblieben waren, wurde nicht erlaubt, ihren Beruf (auszubilden, aufzuwenden, auszuüben).
3 Trotz unaufhörlicher Propaganda, gerade auf dem (Gebiet, Betrieb, Gericht) der Kultur, gab es viele Deutsche, die auf den Tag der Freiheit warteten.
4 In Prag, Amsterdam, London, New York (empfanden, erschienen, verlegten) noch freie Zeitungen und Zeitschriften.
5 Von 1933 bis 1944 sind 11 881 Todesurteile durch die Justizbehörden vollstreckt worden, die bis zur Kapitulation wahrscheinlich auf etwa 12 500 (Hinrichtungen, Vorstellungen, Beobachtungen) angestiegen sind.
6 Man darf heute (schützen, schätzen, schimpfen), daß bis zum Kriegsausbruch rund eine Million Menschen von der Gestapo verhaftet wurden.
7 Die deutschen Emigranten (bewiesen, entstanden, betrachteten) sich als einzige Hüter eines wahren Deutschlands.
8 Heute ist das jüngste Mitglied des schweizerischen Nationalrates anläßlich seiner (Pflicht, Wahl, Stimme) wenig mehr als 30 Jahre alt gewesen.
9 In vielen Teilen der Schweiz glauben die Männer, daß die Frau ins Haus und nicht ins (öffentliche, allgemeine, allmähliche) Leben gehöre.
10 Die Charta von San Francisco und die Europäische Menschenrechtskonvention erklären die Gleichberechtigung der Frau als ein (Grundrecht, Wahlrecht, Gesetz).

M Write five to ten sentences in German on <u>one</u> of the following questions.

1 Warum haben so viele Künstler und Wissenschaftler während der Hitlerzeit Deutschland verlassen?
2 Warum müssen innerer Widerstand und Emigration zusammen betrachtet werden?
3 Warum haben die Schweizer Frauen erst 1971 das Wahlrecht erlangt?

Test items for Biologie, Units 4-6:

A Find the subject of each verb in the following sentences. Underline once the noun(s) or pronoun(s) used as subject(s) of main verb(s), and twice those used as subjects of verbs in subordinate clauses.

1 Mendels Arbeiten wurden von seinen Zeitgenossen wenig beachtet, ihre Bedeutung wurde nicht erkannt.
2 Mendel ging bei seinen Versuchen von einzelnen bestimmten Merkmalen aus, während seine Vorgänger stets die Gesamtheit der Merkmale eines Organismus bewerteten und deshalb zu keinen klaren Ergebnissen kommen konnten.
3 Werden zwei reinerbige, in bezug auf ein oder mehrere Merkmalspaare unterschiedliche Organismen gekreuzt, so sind bei gleichen äußeren Bedingungen die Nachkommen in der $F_1$-Generation einheitlich im Phänotypus gestaltet.
4 Aus der Spaltung der $F_2$-Generation in ganz bestimmte Zahlenverhältnisse ergibt sich das 2. Mendelsche Gesetz.
5 Die Schlüsselrolle in der Milchstory spielt der Milchzucker.
6 Versucht man, Walrosse oder Seelöwen mit Kuhmilch großzuziehen, werden sie krank.
7 Menschenkindern aber bekommt der hohe Milchzuckergehalt der Frauenmilch ausgezeichnet.
8 Im Alter von eineinhalb bis drei Jahren, wenn die Kinder in der Regel abgestillt worden sind, schwindet die Bekömmlichkeit des Milchzuckers schnell.
9 Ende der fünfziger Jahre berichteten Wissenschaftler aus Genua und Manchester über Untersuchungen an Kindern, die keinen Milchzucker vertrugen, die davon Durchfall bekommen hatten oder gar gestorben waren.
10 Klarheit darüber zeichnete sich erst vor etwa zwei Jahren ab, als Bevölkerungsgruppen in aller Welt auf Milchzuckerverträglichkeit untersucht worden waren.

B Give the infinitive of each of the underlined verbs. Watch for compound verbs.

1 Mendel gelang es, den richtigen Ansatzpunkt für seine Untersuchungen zu finden, die Ergebnisse mathematisch auszuwerten und dadurch wesentliche Zusammenhänge zu erkennen.
2 Mendel ging bei seinen Versuchen von einzelnen bestimmten Merkmalen aus, während seine Vorgänger stets die Gesamtheit der Merkmale eines Organismus bewerteten.
3 Er nimmt auf Grund des mischerbigen Genotypus — jeder Elternteil steuert bei der Befruchtung einen Teil bei — eine Mittelstellung zwischen den Elternformen ein.
4 Aus diesen Tatsachen leitet sich das 1. Mendelsche Gesetz, das Uniformitäts- oder Gleichförmigkeitsgesetz, ab.
5 In der Wissenschaftszeitschrift „Scientific American" faßte jetzt Norman Kretchmer die bisher gewonnenen Ergebnisse über die Verträglichkeit der Milch zusammen.
6 Daß scheinbar sehr naheliegende Beobachtungen erst jetzt gemacht wurden, schreibt Kretchmer „einer Art von völkischem Chauvinismus" zu.
7 Die Fähigkeit des Körpers, Milchzucker zu verarbeiten, nimmt bei den meisten Menschen, zu denen eben Europäer nicht zählen, bald ab.
8 Das Enzym Laktase vermag diese Koppelung zu lösen.
9 Es bedarf zur Produktion der Laktase der fortdauernden Anregung durch das Trinken von frischer Milch.
10 Traten derartige Erbänderungen in einer viehzuchttreibenden Bevölkerung auf, waren die Laktasebesitzer im Vorteil.

C Decide whether the underlined word is a definite article or a relative pronoun. Then, if it is a definite article, underline the noun it modifies; if it is a relative pronoun, underline the verb(s) in the relative clause.

1 Bereits vor Mendel beschäftigte man sich mit Problemen der Vererbung, ihm jedoch gelang es, den richtigen Ansatzpunkt für seine Untersuchungen zu finden, die Ergebnisse mathematisch auszuwerten und dadurch wesentliche Zusammenhänge zu erkennen, ohne Kenntnisse über die Träger der Erbanlagen zu besitzen.
2 Um 1900 entdeckten unabhängig voneinander Correns, de Vries und Tschermak die gleichen Gesetzmäßigkeiten der Vererbung wie Mendel, dem zu Ehren man sie als Mendelsche Gesetze bezeichnet.
3 Auf Grund seiner Beobachtungen stellte er drei Erbgesetze auf, die auch heute noch in Kreuzungsexperimenten bestätigt werden können.
4 Hier treten unter den Nachkommen Individuen auf, die Erbanlagen in neuer Kombination besitzen.
5 In der Wissenschaftszeitschrift „Scientific American" faßte Norman Kretchmer, Professor für Kinderheilkunde an der Stanford-Universität, die bisher gewonnenen Ergebnisse über die Verträglichkeit der Milch zusammen.
6 Diese Völker, die Viehwirtschaft betreiben und regelmäßig frische Milch trinken, leiden kaum mehr unter Laktose-Intoleranz als Europäer.

D Underline the antecedent of each underlined pronoun.

1 Um 1900 entdeckten unabhängig voneinander Correns, de Vries und Tschermak die gleichen Gesetzmäßigkeiten der Vererbung wie Mendel, dem zu Ehren man sie als Mendelsche Gesetze bezeichnet.
2 Der Phänotypus der $F_1$ steht zwischen den Phänotypen der P-Generation. Er nimmt eine Mittelstellung zwischen den Elternformen ein.
3 Die intermediäre Farbausbildung kann nicht als Neukombination bezeichnet werden, denn sie tritt nur in dem mischerbigen Zustand auf und kann nie reinerbig gezüchtet werden.
4 Für die praktische Züchtung sind erst Kreuzungen von Bedeutung, bei denen Eltern mit...
5 Nach der Kreuzung von Individuen, die sich in mehr als einem Merkmal voneinander unterscheiden,...
6 Für die Mehrzahl aller Menschen sind größere Mengen Milch von zweifelhaftem Nutzen. Vielen bekommt sie nicht.
7 Daß scheinbar sehr naheliegende Beobachtungen erst jetzt gemacht wurden, schreibt Kretchmer „einer Art von völkischem Chauvinismus" zu, dem Physiologen und Ernährungsforscher verfallen waren.
8 Das Enzym Laktase vermag diese Koppelung zu lösen. Wird sie nicht gelöst, bleibt der Milchzucker unverdaulich.

E Indicate the case and number of each underlined noun: N = Nominative; A = Accusative; D = Dative; G = Genitive; S = Singular; P = Plural. DS = Dative Singular; GP = Genitive Plural, etc.

Menschenkindern bekommt der hohe Milchzuckergehalt der Frauenmilch ausgezeichnet. Doch die Fähigkeit des Körpers, Milchzucker zu verarbeiten, nimmt bei den meisten Menschen, zu denen eben Europäer nicht zählen, bald ab. Im Alter von eineinhalb bis drei Jahren, wenn die Kinder in der Regel abgestillt worden sind, schwindet die Bekömmlichkeit des Milchzuckers schnell.

F Rewrite each of the following sentences, using the pattern indicated.

1 Vier verschiedene Gameten können bei Kreuzungen von $F_1$-Partnern miteinander kombiniert werden. (lassen + sich + infinitive)

2 Mendels drei Erbgesetze können auch heute noch bestätigt werden. (ist/sind + zu + infinitive)
3 In der P-Generation werden die Merkmale AAbb x aaBB gekreuzt. (man + inflected verb + direct object)
4 Aus diesen Vererbungsvorgängen leitet sich das 3. Mendelsche Gesetz ab. (passive verb phrase)

G One of the following sentences, each of which starts with a verb, has a different sentence pattern from all the rest. Which one is it?
With what word could all the rest begin and still retain their original meaning?

1 Ist es zweckmäßig, im Kampf gegen den Hunger weiterhin Milchpulver in die Entwicklungsländer zu schicken?
2 Versucht man, sie mit Kuhmilch großzuziehen, werden sie krank.
3 Wird sie nicht gelöst, bleibt der Milchzucker unverdaulich.
4 Ist im Dünndarm keine oder zuwenig Laktase vorhanden, bleibt im Darm Milchzucker übrig.
5 Traten derartige Erbänderungen in einer viehzuchttreibenden Bevölkerung auf, waren die Laktasebesitzer im Vorteil.

Select two of the above and rewrite them, using the alternative pattern.
Select a third sentence and translate it into English.

H Underline the complete extended adjective construction in each of the following sentences. Select one and rewrite it as noun + relative clause.

1 Aus der $F_2$-Generation ist zu ersehen, daß keine Neukombination möglich ist, es treten nur die bei den Eltern schon vorhandenen Eigenschaften wieder in Erscheinung.
2 1865 veröffentlichte Mendel die von ihm erkannten Gesetze.
3 Die im Zellkern liegenden Erbanlagen werden als Genotypus bezeichnet.
4 Werden zwei reinerbige, in bezug auf ein oder mehrere Merkmalspaare unterschiedliche Organismen gekreuzt, so sind bei gleichen äußeren Bedingungen die Nachkommen in der $F_1$-Generation einheitlich im Phänotypus gestaltet.
5 Eine auf diese Art und Weise gewonnene Gesetzmäßigkeit nennt man ein statistisches Gesetz.
6 Die Milchzuckerverträglichkeit müßte sich innerhalb von höchstens zehn Jahrtausenden von einem plötzlich aufgetauchten Erbmerkmal zu einer in bestimmten Bevölkerungsgruppen weit verbreiteten Eigenschaft entwickelt haben.

I Choose the most appropriate word to complete each of the statements below. Cross out the inappropriate words.

1 Bereits vor Mendel (bestätigte, beschäftigte, bezeichnete) man sich mit Problemen der Vererbung.
2 Ihm jedoch gelang es, den richtigen Ansatzpunkt für seine (Grundlagen, Bedingungen, Untersuchungen) zu finden.
3 Die Mendelschen Gesetze (bestimmen, gelingen, gelten) nur für die im Zellkern liegenden Erbanlagen, die als Genotypus bezeichnet werden.
4 Bei der Vererbung werden nicht Merkmale, sondern entsprechende Anlagen an die (Nachkommen, Beziehungen, Eltern) weitergegeben.
5 Nach der Kreuzung von Individuen, die sich in mehr als einem Merkmal (unterscheiden, ausprägen, darstellen), treten in der $F_2$-Generation Neukombinationen auf.
6 Jedes Merkmal wird dabei nach dem Spaltungsgesetz vererbt, und die Merkmale werden (insgesamt, abhängig, unabhängig) voneinander auf die Nachkommen verteilt.

7 Bei manchen Robbenarten enthält die Milch überhaupt keinen Milchzucker, und die Jungen (übertragen, vertragen, bekräftigen) Milchzucker auch nicht.
8 Jedes Milchzuckermolekül (besteht, entsteht, erreicht) aus jeweils einem Molekül Glukose und einem Molekül Galaktose, die zusammengekoppelt sind.
9 Während in Westeuropa und Skandinavien rund 90% der Bevölkerung über das Säuglingsalter (hinüber, hinauf, hinaus) Milchzucker anstandslos verdauen können, sind dazu von den (Ansichten, Angehörigen, Abteilungen) schwarzer, brauner und gelber Rassen jeweils nur wenige Prozent in der Lage.
10 Viehwirtschaft wird von Menschen seit zehntausend Jahren (betreiben, betrieben, betragen).

J All the nouns in the left-hand column have the joining element -s-. Form new compounds from the lists below, joining one of the nouns from the left-hand column to one of the nouns from the right.

| | |
|---|---|
| der Ausgang | das Beispiel |
| die Kreuzung | die Eigenschaft |
| das Merkmal | die Form |
| die Spaltung | das Gesetz |
| die Unabhängigkeit | das Paar |
| die Vererbung | der Vorgang |

1 the law of independent combination
2 the law of segregation
3 the pair of characteristics
4 the original form
5 the hereditary process
6 the example of hybridization

K Translate the underlined sentences or sentence-parts.

1 Mendels Arbeiten wurden von seinen Zeitgenossen wenig beachtet.
2 Mendel ging bei seinen Versuchen von einzelnen bestimmten Merkmalen aus.
3 Die folgenden Grundbegriffe der Vererbungsforschung muß man zum Erkennen der Gesetzmäßigkeiten beherrschen.
4 Aus diesen Tatsachen leitet sich das 1. Mendelsche Gesetz ab.
5 Neben den Blütenfarben der beiden Elternformen Weiß und Rot ist wiederum die rosa Blütenfarbe der $F_1$-Generation vorhanden.
6 Eine auf diese Art und Weise gewonnene Gesetzmäßigkeit nennt man ein statistisches Gesetz.
7 Zum besseren Verständnis des Erbganges hat schon Mendel für die einzelnen Erbanlagen Symbole benutzt.
8 Keine Neukombination ist möglich, es treten nur die bei den Eltern schon vorhandenen Eigenschaften wieder in Erscheinung.
9 Hier treten unter den Nachkommen Individuen auf, die Erbanlagen in neuer Kombination besitzen.
10 Jedes Merkmal wird nach dem Spaltungsgesetz vererbt, und die Merkmale werden unabhängig voneinander auf die Nachkommen verteilt.

L Write five to ten sentences in German on one of the following topics.

1 Das erste Mendelsche Gesetz.
2 Die Bedeutung der Mendelschen Gesetze für die praktische Züchtung.
3 Die Bedeutung der Laktase im menschlichen Körper.

Test items for Literatur, Units 4-6:

A Find the subject of each verb in the following sentences. Underline once the noun(s) or pronoun(s) used as subject(s) of main verb(s), and twice those used as subjects of verbs in subordinate clauses.

1 Spricht so ein Mann, der so sein soll, wie es jetzt in der Zeitung steht?
2 Ich sah an den Samstagen, wenn ich zu Hause war, unsere Nachbarin ihre Kinder zur Schule bringen, zum Schutz, denn die anderen Kinder in unserer Straße riefen die ihren Mörderkinder.
3 Dann kam der Prozeß, und das Ausmaß des Verbrechens war noch schrecklicher, als wir geglaubt hatten.
4 Möglicherweise benahm er sich so, weil sie jetzt nicht zu Hause waren, sondern in einer fremden Stadt und vielleicht auf Urlaub, oder vielleicht bei einem Kongreß.
5 Kleine Männer sind zwar nicht höflicher als die großen, aber sie wirken doch so, weil sie immer aufblicken müssen, während die großen herunterschaun können.
6 Sie nahm die Teller vom Tisch und eilte davon, und dann kam sie zurück mit zwei anderen Tellern und frischem Besteck, und der Mann und die Frau verzehrten die Suppe, nachdem sie davon gekostet hatten, so hastig, als das mit ihrer Würde vereinbar war.
7 Obwohl jede Gattung ihre eigenen Stilmerkmale hat, sind die Begriffe Lyrik, Epik und Dramatik immer nur als Idealtypen zu verstehen, denen die literarischen Mischformen in der Wirklichkeit sowie neue Formschöpfungen nicht zu entsprechen brauchen.
8 Die Dramatik hat mit der epischen Gattung gemein, daß sich die Perspektive mit den Handlungspersonen wandeln kann.
9 Andererseits ist gerade der Epiker bemüht, die Welt im Werk und damit die Situation, aus der heraus seine Gestalten sprechen, handeln und leben, möglichst vollständig in ihrer ganzen Reichhaltigkeit und Breite aufzubauen.
10 Im Spielraum des Dramas wickelt sich das Geschehen als echte Gegenwart ab und begibt sich unmittelbar vor unsern Augen auf der Bühne.

B Give the infinitive of each of the underlined verbs. Watch for compound verbs.

1 Meine Frau nannte seine Augen weinende Aquamarine.
2 Am Montag lasen wir in der Zeitung,...
3 Die anderen Kinder riefen die ihren Mörderkinder.
4 die Tränen schossen ihr in die Augen.
5 Aus den Zeitungen erfuhren wir das alles.
6 Die Frau trug einigen Schmuck, und beide sahen ein bißchen aus wie Kinder.
7 Sie saßen an meinem Tisch.
8 Es fällt mir nicht ein, diese Suppe zu essen.
9 Sie aßen die Teller leer.
10 Er wandte sich immer wieder nach rechts an die Frau.
11 Der Erzähler vermag auch seine eigene Sicht zu geben.
12 Der Verfasser tritt nicht in der von ihm gestalteten Welt auf und äußert sich auch nicht über sie.
13 In der Dramatik spielen sich Aktionen und Gegenaktionen ab.
14 Im Spielraum des Dramas wickelt sich das Geschehen als echte Gegenwart ab.

C Underline all genitive noun phrases (including modifiers) in the following sentences. Some sentences have more than one.

1 Uniformierte und Zivilisten führten meinen Nachbarn aus dem Haus in einen der grünen Wagen.

2 Morgens und abends fuhr er einen Umweg von einem Kilometer durch eine der belebtesten Straßen der Stadt, nur damit ich nicht der Unannehmlichkeit ausgesetzt war, mit der Straßenbahn zu fahren.
3 Das soll die Erfindung meines Nachbarn gewesen sein; er habe damals, so hieß es, sogar einen Orden dafür bekommen.
4 Am nächsten Morgen ging ich an den Kindern des Verhafteten vorbei, als hätte ich sie nie gesehen.
5 Der Geschäftsführer unterbrach jetzt den Mann, mit einem letzten Ruck der sägenden flachen Hand schnitt er ihm den Faden der Erzählung ab, und forderte die Bezahlung aller vier Teller.
6 Der Mann aber, sichtlich am Ende seiner Kräfte, spürte den Peitschenschlag ihrer Stimme schon nicht mehr; er war vermutlich nur froh, nicht mehr kämpfen zu müssen, und ließ sich willenlos abführen.
7 Der Inhalt des Dramas entfaltet sich in der sprachlichen Form der direkten Rede, in den Dialogen der handelnden Figuren.
8 Die Lyrik entfernt sich trotz der unmittelbaren Form ihres Sprechens doch wieder von der Realität, indem sie diese durch den bedeutungsvollen, zeichenhaften Charakter ihrer Wortung übersteigt.
9 Die drei Gattungen unterscheiden sich in der Dichte ihrer sprachlichen Substanz.
10 Trotz der auf diesem Gebiet herrschenden Problematik können die allgemeinen Stilzüge der Gattungen richtungweisend sein.

D In the following sentences look for the subordinate clauses headed by subordinating conjunctions. (If there are any relative clauses, disregard them.) Underline the subordinating conjunction once, the inflected verb of the subordinate clause twice. Then put parentheses around the subject of the clause. The first is done as an example.

1 ...er hätte doch untertauchen können, daß ihn (keiner) findet.
2 Ich sah an den Samstagen, wenn ich zu Hause war, unsere Nachbarin ihre Kinder zur Schule bringen, zum Schutz, denn die anderen Kinder riefen die ihren Mörderkinder.
3 „Wir sollten sie besuchen", sagte an einem Abend meine Frau. „Wir waren nicht mehr bei ihr, seit ihr Mann verhaftet ist."
4 Aus den Zeitungen erfuhren wir das alles, obwohl das Gerichtsgebäude nur tausend Meter von unserer Wohnung entfernt lag.
5 Kleine Männer sind zwar nicht höflicher als die großen, aber sie wirken doch so, weil sie immer aufblicken müssen, während die großen herunterschaun können.
6 Der Mann und die Frau verzehrten die Suppe, nachdem sie davon gekostet hatten, so hastig, als das mit ihrer Würde vereinbar war.
7 Eigentlich, weil ich den Mann nicht im Stich lassen wollte, sagte ich: „Ja, das ist mir allerdings aufgefallen, daß die Herrschaften nicht zufrieden waren."
8 Zwischen diesem Dritten und dem Leser besteht ein Abstand, der überbrückt wird, indem sich der Leser in den andern hineinversetzt.
9 Auch Geschehnisse der Gegenwart oder Zukunft werden so wiedergegeben, als hätten sie sich schon zugetragen.
10 Mühelos wechselt sie den inneren und äußeren Schauplatz, wo der Mensch seine Abenteuer besteht.

E Mark the stress of each s p a c e d verb form by underlining the stressed syllable.

1 Die Polizisten waren a b g e s p r u n g e n.
2 Wir waren bei ihnen e i n g e l a d e n.
3 Ich hätte früher a u f s t e h e n müssen.
4 Wird ein anderer a b g e u r t e i l t, b e r u h i g t das euer Gewissen.

5 Sie sagte es so, wie wenn sie entdeckt hätte, daß er sie mit dieser Suppe vergiften wollte.
6 Er konnte diese Reklamation nicht akzeptieren.
7 Er unterbrach jetzt den Mann.
8 Die Sprechform der Lyrik ist der Monolog..., ein Stück lautgewordener Bewußtseinsstrom, vom Dichter eingefangen und durchformt.
9 Frei durchwandert der Erzähler die mannigfaltigsten Räume.
10 ... ein Abstand, der überbrückt wird, indem...

F Rewrite each relative clause as an independent sentence, using the antecedent of the relative pronoun in your new sentence.

1 Sie freuen sich die ganze Woche lang auf den einen Tag, an dem es Metzelsuppe gibt.
2 Die Frau beteiligte sich an dem Disput nur mit ihrem Blick, der den Mann beim Genick hielt wie eine Krallenfaust.
3 Dann kam der Geschäftsführer, ein großer, stattlicher Mann so gegen die sechzig, der das eine Bein beim Gehen nachzog, hinter der Kellnerin an den Tisch.

G Rewrite the following pairs of sentences as one sentence, using a relative pronoun to join them.

1 Es gab einen kleinen Disput. An diesem Disput beteiligte sich die Frau nicht mit Worten, sondern nur mit ihrem Blick.
2 Der Mann wandte sich immer wieder nach rechts an die Frau. Ihr Gesicht war aufgeplustert, wie ganz voll von Worten.

H Underline the extended adjective construction in each of the sentences. Then rewrite two as noun + relative clause.

1 Sie wurden von Maschinengewehren so kunstgerecht umgemäht, daß sie sofort in die lange, von ihnen selbst ausgehobene Grube fielen.
2 Mit einer zugleich um Entschuldigung und um Hilfe bittenden Geste deutete er auf mich.
3 Einmal steht er außerhalb, über der Werkwelt, ein anderes Mal begibt er sich zeitweise in sie hinein oder kombiniert seine und unsere reale mit der von ihm erschaffenen Welt.
4 Der Dramatiker greift gewöhnlich nicht in den von ihm gestalteten Spielraum ein; dieser bleibt eine Welt für sich, die sich nach ihren eigenen Gesetzen bewegt.
5 Der epische Bericht lebt von den für ihn typischen mittelbaren Redeformen der Sprache, durch welche die Gespräche und Bewußtseinsinhalte der Menschen in direkter und halbdirekter Einkleidung wiedergegeben werden.
6 Trotz der auf diesem Gebiet herrschenden Problematik können die allgemeinen Stilzüge der Gattungen richtungweisend sein, wenn eine der vielfältigen konkreten Formen erfaßt werden soll.

I Circle the antecedent of each underlined pronoun.

1 Im Bereich der Lyrik gibt es nur eine Welt, die des Dichters, in deren Zentrum er steht und aus <u>der</u> er spricht.
2 Der Spielraum des Dramas bleibt eine Welt für sich, die sich nach ihren eigenen Gesetze bewegt. Der Verfasser tritt nicht in <u>ihr</u> auf und äußert sich auch nicht über sie.
3 Die Lyrik entfernt sich trotz der unmittelbaren Form ihres Sprechens doch wieder von der Realität, indem sie <u>diese</u> durch den bedeutungsvollen, zeichenhaften Charakter ihrer Wortung übersteigt.
4 Nicht nur frühere Begebenheiten, auch Geschehnisse der Gegenwart oder Zukunft werden durch Umwandlung der Tempusformen so wiedergegeben, als hätten <u>sie</u> sich schon zugetragen.
5 Ihrem Erzählcharakter gemäß ist die Epik an keinen der beiden Räume besonders gebunden. <u>Ihr</u> ist es möglich, die Außenwelt und die Innenwelt als solche zu geben.

J Indicate the case and number of each underlined noun: N = Nominative; A = Accusative; D = Dative; G = Genitive; S = Singular; P = Plural. DS = Dative Singular; GP = Genitive Plural, etc.

Am weitesten entfernt sich die Epik von der empirischen Realität. Schon die Form des mittelbaren Berichtes schafft Abstand; zudem hat die Erzählung ihre eigenen Mittel für die Wiedergabe menschlichen Sprechens und Denkens erfunden. Sie verwendet neben der indirekten und der erlebten Rede, die auch dem alltäglichen Leben angehören, eigentümlich schillernde künstliche Formen, wie das Gedankenreferat, den inneren Monolog und den Bewußtseinsstrom.

K Each of the following statements refers to one of the literary genres: Lyrik, Epik, Drama. Identify each one by writing the name of the genre in the space provided. Remember that "Gattung" is the general word for Lyrik, Epik, Drama, and that "Dichter" can be used in place of Lyriker, Epiker, or Dramatiker.

1 Der Dichter dieser Gattung berichtet über die Handlungen anderer Personen.
2 Der Dichter dieser Gattung läßt andere ihre Handlungen darstellen.
3 Der Dichter dieser Gattung stellt sich und seine Gefühle dar.
4 In dieser Gattung kann der Empfänger den Stoff der Dichtung vor sich sehen, hören und betrachten.
5 Die Sprechform dieser Dichtung ist die direkte Rede, aber trotzdem entfernt sie sich von der konkreten Wirklichkeit.
6 In dieser Gattung hält der Dichter gewöhnlich den größten Abstand zwischen sich und dem Empfänger.
7 Diese Gattung steht einer konkreten Realität am nächsten, denn die Handlung ereignet sich vor den Augen der Zuschauer.
8 Der Dichter dieser Gattung berichtet normalerweise in der Vergangenheit, ob die Ereignisse sich in der Gegenwart, in der Vergangenheit oder in der Zukunft abspielen.
9 Die Zeit dieser Gattung ist echte Gegenwart.
10 In dieser Gattung ist für den Dichter eine sprachlich unmittelbare Ausdrucksweise äußerst wichtig.

L Write five to ten sentences in German on one of the following topics.

1 Wer hat am meisten darunter gelitten*, daß der Nachbar ein Kriegsverbrecher war: der Mann selber, (der 15 Jahre im Zuchthaus sitzen mußte), seine Frau oder seine Kinder? Was glauben Sie? Warum?
2 Was hat die Frau ihrem Mann gesagt, als sie auf der Leopoldstraße vor dem „Hahnhof" standen?
3 Eine der Fragen:
a Was sind die Merkmale der Lyrik?
b Was sind die Merkmale der Dramatik?
c Was sind die Merkmale der Epik?

*leiden - *suffer*

Final examinations

[Note: The texts for the final exams (including footnotes) can be handed out on the last day of class, with the understanding that groups may work together, but that no staff member will help. The text is then provided at the exam, without footnotes, and all questions are based on it. If an essay question on the text is used, it should be on a separate sheet which is given to the student after he has handed in the rest of the exam. Of course, you may also want to give the students a chance to write on a topic from one of the later units of reading as well.]

Physik und Chemie:

Historische Entwicklung der organischen Chemie

Im 16. Jahrhundert war die Anzahl der bekannten Stoffe schon verhältnismäßig groß, und man begann, eine gewisse Ordnung in diese Kenntnisse zu bringen. Die Naturforscher jener Zeit teilten die chemischen Verbindungen entsprechend
5 ihrer Herkunft in mineralische, tierische und pflanzliche Stoffe ein. Man nahm damals an, daß sich die aus Pflanzen und Tieren gewonnenen Stoffe grundlegend von den mineralischen unterscheiden, und versuchte, ihre Besonderheiten zu ergründen. Die Untersuchungen brachten jedoch keine Ergeb-
10 nisse, da die chemischen Kenntnisse noch zu gering waren. Erst als mehrere Chemiker, unter ihnen Antoine Laurent Lavoisier, das Wesen des Verbrennungsvorganges erforscht und die Elementaranalyse entwickelt hatten, erkannte man, daß die pflanzlichen und tierischen Stoffe vorwiegend aus Koh-
15 lenstoff, Wasserstoff und Sauerstoff bestehen, oft aber auch Stickstoff, Schwefel und Phosphor enthalten. Die Erkenntnis, daß zahlreiche Verbindungen sowohl in Pflanzen als auch in Tieren vorkommen, und die übereinstimmenden Analysen der animalischen und vegetabilischen Produkte führten dann zu
20 einer Zusammenfassung beider Stoffgruppen unter der Bezeichnung „Organische Verbindungen".

Über den Bau der organischen Verbindungen herrschte jedoch zu Beginn des 19. Jahrhunderts noch Ungewißheit, und man erklärte, diese Verbindungen könnten nur im lebenden
25 Organismus durch die Wirkung einer geheimnisvollen, übernatürlichen Lebenskraft („vis vitalis") entstehen. Aus dieser unwissenschaftlichen Lehre mußte gefolgert werden, daß organische Stoffe nicht außerhalb des Organismus, nicht künstlich, hergestellt werden können. Das bedeutete für
30 viele Wissenschaftler den Verzicht auf weitere Forschungen in dieser Richtung. Dem deutschen Chemiker Friedrich Wöhler gelang es im Jahre 1824, die organische Verbindung Äthandisäure (Oxalsäure) und 1828 den Harnstoff aus anorganischen

5 die Herkunft - *origin*
6 an·nehmen - *assume*
6 damals - *at that time*
8 die Besonderheit - *special quality*
11 erst - *only*
12 das Wesen - *nature*
14 vorwiegend - *in the main*
18 überein·stimmen - *correspond*
20 die Zusammenfassung - *combining*
26 vis vitalis *(Latin)* - *life force*
30 der Verzicht (auf + *acc.*) - *abandonment (of)*
33 der Harnstoff - *urea*

Verbindungen herzustellen. Damit war die Irrlehre von der
35 geheimnisvollen „Lebenskraft" widerlegt. Gleichzeitig zeigten Wöhlers Synthesen, daß für anorganische und organische Verbindungen die gleichen chemischen Gesetzmäßigkeiten gelten. Wöhler selbst war aber den alten idealistischen Gedankengängen so verhaftet, daß er die allgemeine Bedeutung seiner For-
40 schungsergebnisse nicht erkannte. In der Folgezeit wurden die Forschungen Wöhlers auch von anderen Chemikern bestätigt und ergänzt:

1831 Synthesen von Chloral und Chloroform durch Liebig
1846 Synthese von Zelluloseverbindungen durch Schönbein
45 und Sobrero
1854 Fettsynthesen durch Berthelot
1856 Methansynthese durch Berthelot
1861 Künstliche Herstellung eines Zuckergemisches durch Butlerow

50 Die Forschungen Wöhlers, Liebigs und anderer Wissenschaftler bewiesen, daß man organische Stoffe synthetisch herstellen kann. Mit diesen Synthesen war aber auch der Weg zur modernen Chemie frei gemacht: Die Wissenschaftler begannen allmählich zu erkennen, daß die Welt ihrer Natur nach materiell ist und
55 daß es möglich sein wird, alle Erscheinungen der Natur auf der Grundlage wissenschaftlicher Forschungen zu erklären. In unermüdlicher Forschungsarbeit gelang es, natürliche Farbstoffe, Kautschuk, Arzneimittel, Vitamine und Hormone im Laboratorium herzustellen. Heute werden in den Forschungslaborato-
60 rien und von unserer chemischen Industrie sogar Stoffe hergestellt, die in der Natur überhaupt nicht existieren und die den Naturprodukten in vielen Eigenschaften weit überlegen sind, zum Beispiel die Plaste, Chemiefasern, Arzneimittel und Farbstoffe.

65 Die gewaltige Entwicklung der organischen Chemie seit den ersten Synthesen dieser Art durch Wöhler war und ist nur möglich auf Grund wissenschaftlicher Forschungen. Besondere Bedeutung haben hierbei Strukturuntersuchungen. Die Kenntnis der Struktur einer organischen Verbindung ist nicht nur
70 für die systematische Einordnung, sondern auch für das Studium der Eigenschaften, der Reaktionen und der Synthese der Verbindung wichtig.

Die Theorie, mit deren Hilfe Strukturformeln entwickelt und diskutiert werden können, wurde von dem russischen Chemi-
75 ker Alexander Michailowitsch Butlerow in der zweiten Hälfte des 19. Jahrhunderts aufgestellt. Der Leitsatz seiner Theorie war: „Die chemische Natur des zusammengesetzten Teilchens wird durch die Natur der elementaren Bestandteile, durch deren Menge und chemische Struktur bestimmt." Butlerows Lehre war
80 eine wichtige Grundlage für die Entwicklung der theoretischen organischen Chemie.

34 die Irrlehre - *mistaken theory*
35 widerlegen - *refute*
37 die Gesetzmäßigkeit - *regularity*
38 der Gedankengang - *way of thinking*
39 verhaftet *(+ dat.)* - *dominated by*
42 ergänzen - *supplement*
54 nach [§18.6.2]
58 das Arzneimittel - *medicine*
62 überlegen *(+ dat.)* - *superior to*
63 der Plast *(term used in East Germany)* = der Kunststoff - *plastic*
70 die Einordnung - *classification*
76 der Leitsatz - *guiding principle*

Da zwischen kohlenstoffhaltigen und kohlenstofffreien Verbindungen keine grundsätzlichen Unterschiede bestehen, ist der Begriff „Organische Chemie" heute nicht mehr gerechtfer-
85 tigt. Er ist aber in der Wissenschaft noch allgemein gebräuchlich. Besser ist die Bezeichnung „Chemie der Kohlenstoffverbindungen".

82 -haltig - *containing* 84 gerechtfertigen - *justify*

A Answer nine of the twelve questions in complete German sentences.

1 Wie wurden die chemischen Verbindungen im 16. Jahrhundert eingeteilt?
2 Warum wurden sie so eingeteilt?
3 Wann kam man zur Erkenntnis, daß sich die pflanzlichen und tierischen Stoffe nicht sehr voneinander unterscheiden?
4 Wie bezeichnete man dann die pflanzlichen und tierischen Stoffe?
5 Was glaubte man aber noch zu Beginn des 19. Jahrhunderts?
6 Was ist die natürliche Folge dieser Lehre?
7 Was war die erste organische Verbindung, die künstlich hergestellt wurde? Von wem wurde sie hergestellt?
8 Warum konnte Wöhler die allgemeine Bedeutung seiner Ergebnisse nicht erkennen?
9 Was ist möglich, wenn man erkennt, daß die Welt ihrer Natur nach materiell ist?
10 Welche Kenntnis ist besonders wichtig bei den Forschungen der organischen Verbindungen?
11 Welcher Chemiker stellte eine wichtige Theorie darüber auf?
12 Warum gebraucht man heute nicht mehr die Bezeichnung „Organische Chemie"?

B Indicate for each of the following occurrences of **werden** whether it is used independently (I), in a future verb phrase (F), or in a passive verb phrase (P). If it is a future usage, write the dependent infinitive in the space provided; if it is passive, the dependent past participle; if it is independent, leave the space blank.

1 werden (27)
2 wurden (40)
3 wird (55)
4 werden (59)
5 wurde (74)
6 wird (78)

C Give the antecedent of each of the following pronouns.

1 ihnen (11)
2 die (61)
3 deren (73)
4 deren (78)
5 Er (85)

D In the following passage, underline the subject(s) of the main clause(s) once, the subject(s) of the subordinate clause(s) twice.

...Man nahm damals an, daß sich die aus Pflanzen und Tieren gewonnenen Stoffe grundlegend von den mineralischen unterscheiden, und versuchte, ihre Besonderheiten zu ergründen. Die Untersuchungen brachten jedoch keine Ergebnisse, da die chemischen Kenntnisse noch zu gering waren. Erst als mehrere Chemiker, unter ihnen Antoine Laurent Lavoisier, das Wesen des Verbrennungsvorganges erforscht und die Elementaranalyse entwickelt hatten, erkannte man, daß die pflanzlichen und tierischen Stoffe vorwiegend aus Kohlenstoff, Wasserstoff und Sauerstoff bestehen, oft aber auch Stickstoff, Schwefel und Phosphor enthalten. Die Erkenntnis, daß zahlreiche Verbindungen sowohl in

Pflanzen als auch in Tieren vorkommen, und die übereinstimmenden Analysen der animalischen und vegetabilischen Produkte führten dann zu einer Zusammenfassung beider Stoffgruppen unter der Bezeichnung „Organische Verbindungen".

E Rewrite each of the following subordinate clauses as an independent sentence, omitting the subordinating conjunction and making all necessary changes in word order.

1 daß zahlreiche Verbindungen sowohl in Pflanzen als auch in Tieren vorkommen
2 daß er die allgemeine Bedeutung seiner Forschungsergebnisse nicht erkannte
3 Da zwischen kohlenstoffhaltigen und kohlenstofffreien Verbindungen keine grundsätzlichen Unterschiede bestehen

F Translate the following phrases from the text.

1 Man nahm damals an, daß...(6)
2 den Verzicht auf weitere Forschungen (30)
3 Dem deutschen Chemiker Friedrich Wöhler gelang es...(31)
4 ihrer Natur nach (54)

G Underline each of the genitive phrases in the following passage and indicate by placing "S" or "P" above the noun whether it is singular or plural.

Die gewaltige Entwicklung der organischen Chemie seit den ersten Synthesen dieser Art durch Wöhler war und ist nur möglich auf Grund wissenschaftlicher Forschungen. Besondere Bedeutung haben hierbei Strukturuntersuchungen. Die Kenntnis der Struktur einer organischen Verbindung ist nicht nur für die systematische Einordnung, sondern auch für das Studium der Eigenschaften, der Reaktionen und der Synthese der Verbindung wichtig.

Die Theorie, mit deren Hilfe Strukturformeln entwickelt und diskutiert werden können, wurde von dem russischen Chemiker Alexander Michailowitsch Butlerow in der zweiten Hälfte des 19. Jahrhunderts aufgestellt.

H There is an extended adjective construction in the sentence beginning on line 6: "Man nahm...ergründen." Write the complete construction in the space provided, then rewrite it as a noun + relative clause.

I Rewrite each of the following sentences, using the indicated alternative pattern.

1 Organische Stoffe können nicht außerhalb des Organismus hergestellt werden. (lassen + sich + infinitive)
2 Man kann organische Stoffe synthetisch herstellen. (passive verb phrase)
3 Heute werden in den Forschungslaboratorien künstliche Stoffe hergestellt. (man + inflected verb + accusative object)

J In lines 1-21, find and list five phrases consisting of a preposition followed by a dative form of a noun phrase or a pronoun.

K Give the principal parts of each of the following verbs.

1 erklärte (24)
2 könnten (24)
3 mußte (27)
4 hergestellt (29)
5 gelang (32)
6 gelten (37)
7 erkannte (40)
8 ergänzt (42)
9 bewiesen (51)
10 sein (55)

L Recast to produce independent sentences that begin and end as indicated.

1 Im 16. Jahrhundert war die Anzahl der bekannten Stoffe schon verhältnismäßig groß.
Die Anzahl...groß.

2 Über den Bau der organischen Verbindungen herrschte jedoch zu Beginn des 19. Jahrhunderts noch Ungewißheit.
Ungewißheit...Verbindungen.

3 Das bedeutete für viele Wissenschaftler den Verzicht auf weitere Forschungen in dieser Richtung.
Für viele...Richtung.

4 In der Folgezeit wurden die Forschungen Wöhlers auch von anderen Chemikern bestätigt und ergänzt.
Die Forschungen...ergänzt.

5 Die Theorie wurde von dem russischen Chemiker Butlerow in der zweiten Hälfte des 19. Jahrhunderts aufgestellt.
Der russische Chemiker...auf.

M Answer one of the following sets of questions. Write in German no less than five and no more than ten sentences.

1 Was versteht man unter der Bezeichnung „Organische Verbindungen"? Welche Bezeichnung ist besser als „Organische Chemie"? Warum?

2 Warum glaubten viele Wissenschaftler des frühen 19. Jahrhunderts, daß sie keine organischen Stoffe künstlich herstellen könnten? Nennen Sie einige der Chemiker, die mit ihren Forschungen diese Irrlehre widerlegten. Welche Stoffe stellten sie her?

Mensch und Gesellschaft:

## Gastarbeiter: Die Kulis der Nation

Droht uns eine neue Türkeninvasion? Diese Gefahr wurde kürzlich vom Präsidenten der Bundesanstalt für Arbeit, Josef Stingl, beschworen. Er rechnet mit dem Ansturm von über einer
5 Million Türken auf den deutschen Arbeitsmarkt, wenn die im Assoziierungsabkommen zwischen der EWG und der Türkei vorgesehene Freizügigkeit ab 1976 schrittweise verwirklicht wird. Da bereits mehr als eine halbe Million Türken in der Bundesrepublik arbeiten, sieht Stingl unlösbare Probleme auf uns zukommen.
10 Die Zahl der Gastarbeiter hat mit über 2,35 Millionen einen neuen Rekord erreicht. Einschließlich der Familienangehörigen leben sogar 3,4 Millionen Ausländer unter uns — jeder achtzehnte Bewohner der Bundesrepublik hat einen ausländischen Paß in der Tasche. Hinzu kommen mindestens hunderttausend illegal
15 eingereiste Gastarbeiter. Sie stellen ein besonderes Problem dar, weil sie nicht immer die Anforderungen erfüllen, die die deutschen Behörden für die Ausstellung einer Arbeitserlaubnis stellen. Außerdem sind sie ideale Opfer für Ausbeutung und Erpressung, weil sie es nicht wagen, die Hilfe der deutschen
20 Behörden in Anspruch zu nehmen.
Daß die Gastarbeiter wirtschaftlich gesehen ein Gewinn für die Bundesrepublik sind, ist oft genug nachgewiesen worden. Erst durch ihren Einsatz wurde die Verkürzung der Arbeitszeit möglich. Da es mit steigendem Wohlstand immer schwieriger
25 wird, einheimische Arbeitskräfte für Tätigkeiten zu gewinnen, die als zu schmutzig, zu anstrengend, zu schlecht bezahlt oder in anderer Weise als minderwertig angesehen werden, konnten die entstehenden Lücken nur mit Ausländern gefüllt werden.
Auf dem Bau beispielsweise könnten heute viele Arbeiten
30 überhaupt nicht mehr ausgeführt werden, gäbe es keine Türken oder Griechen, die dazu bereit sind. In einer Studie des Kölner Industrieinstituts wurde deshalb festgestellt: „Ohne zusätzliche ausländische Arbeitnehmer wäre die deutsche Pro-

1 der Kuli - *coolie*
2 drohen (+ *dat.*) - *threaten*
2 die Gefahr - *danger*
3 die Bundesanstalt für Arbeit - *federal bureau of labor*
4 beschwören [2c] - *conjure up*
4 der Ansturm - *onslaught*
5 der Arbeitsmarkt - *labor market*
6 das Assoziierungsabkommen - *partnership treaty*
6 die EWG = Europäische Wirtschaftsgemeinschaft - *European Common Market*
6 vor·sehen - *plan, schedule*
7 die Freizügigkeit - *freedom of movement*
7 schrittweise - *gradually, step-by-step*
9 unlösbar - *insoluble*
11 einschließlich - *including*
14 hinzu kommen - *in addition there are*
15 ein·reisen - *enter*
16 die Anforderung - *requirement*
17 die Ausstellung - *issuance*
17 die Arbeitserlaubnis - *work permit*
19 die Erpressung - *extortion*
19 wagen - *dare*
21 der Gewinn - *benefit, advantage*
22 nach·weisen - *prove, establish*
23 der Einsatz - *use, employment*
24 steigen - *rise, increase*
24 der Wohlstand - *prosperity*
26 anstrengend - *fatiguing, strenuous*
27 minderwertig - *inferior*
28 die Lücke - *gap*
29 der Bau - *construction*
33 der Arbeitnehmer - *employee*

duktion geringer, der Export niedriger und der Handelsbilanz-
35 überschuß folglich kleiner."
Auch als Konjunkturpuffer müssen die Gastarbeiter herhalten. Statt Entlassungen auszusprechen, brauchten viele Firmen bei Auftragsmangel nur einen Einstellungsstopp zu verfügen und die Belegschaft durch „natürlichen Abgang" schrumpfen zu lassen.
40 Da Ausländer meist einen zeitlich befristeten Arbeitsvertrag haben, schrumpft sich manches Unternehmen vor allem auf ihre Kosten gesund.
Dennoch erklärte Bundesinnenminister Hans-Dietrich Genscher kürzlich im Hinblick auf die ausländischen Arbeitskräfte, daß
45 die Bundesrepublik „an den Grenzen der Aufnahmefähigkeit angekommen" sei. Mehr und mehr dämmert die Einsicht, daß man Arbeitskräfte nicht wie Rohstoffe importieren kann. Dabei zeichnet sich schon seit einigen Jahren die Tendenz ab, daß viele Ausländer in der Bundesrepublik seßhaft werden. Die
50 durchschnittliche Aufenthaltsdauer nimmt ständig zu. Viele Gastarbeiter lassen ihre Familien nachkommen. Unter den 3,4 Millionen Ausländern sind fast 600 000 Kinder.
Die Eltern haben sich bisher weitgehend damit abgefunden, daß sie in ihrer zweiten Heimat auch nur Bürger zweiter Klasse
55 sind. Für sie bedeutet das Leben in Deutschland trotzdem einen sozialen Aufstieg. Sie finden sich damit ab, daß sie hier Fremde sind, die von der Bevölkerung ignoriert und manchmal sogar verachtet werden. Die heruntergekommenen Wohnungen, in denen sie gegen Zahlung einer oft überhöhten Miete eine
60 Bleibe gefunden haben, oder die meist recht primitiven Unterkünfte, die ihnen vom Arbeitgeber zur Verfügung gestellt werden, mögen ihnen im Vergleich zu ihrer heimatlichen Behausung noch erträglich erscheinen.
Ganz anders ist es mit den Kindern. Sie wachsen hier auf,
65 die Heimat ihrer Eltern ist ihnen weitgehend fremd. Von einem gewissen Alter an kommt eine Rückkehr für sie kaum noch in Frage. Aber ob sie in unsere Gesellschaft jemals voll einge-

34 der Handelsbilanzüberschuß - *balance of trade surplus*
36 der Konjunkturpuffer - *buffer against inflation/recession*
36 her·halten = dienen
37 die Entlassung - *lay-off*
38 der Auftragsmangel - *lack of orders*
38 der Einstellungsstopp - *cessation of hiring*
38 verfügen - *decree, order*
39 die Belegschaft - *labor force*
39 der Abgang - *departure*
39 schrumpfen - *shrink*
40 befristet - *limited*
40 der Vertrag - *contract*
41 das Unternehmen = die Firma
41 auf ihre Kosten - *at their expense*
43 der Innenminister - *Minister of the Interior*
44 im Hinblick (auf + *acc.*) - *with regard (to)*
46 dämmern - *dawn*
46 die Einsicht - *discernment, understanding*
47 dabei [§17.1.3]
48 sich ab·zeichnen - *become clear*
49 seßhaft werden - *settle down*
50 die Aufenthaltsdauer - *duration of residence*
50 zu·nehmen - *increase*
53 sich ab·finden - *come to terms*
56 der Aufstieg - *advancement*
58 verachten - *despise*
58 heruntergekommen - *run-down*
59 die Miete - *rent*
60 die Bleibe - *shelter*
60 die Unterkunft = Bleibe
61 zur Verfügung stellen - *make available*
62 die Behausung = Wohnung
63 erträglich - *tolerable*
66 die Rückkehr - *return*
67 ein·gliedern - *integrate*

gliedert werden, ist unter den gegenwärtigen Umständen höchst ungewiß.

70 In den Schulen werden diese Kinder häufig nur ungenügend gefördert, weil sie Sprachprobleme haben, weil ihre soziale Herkunft ihnen das Lernen erschwert und weil die Integration in die Klassengruppe schwerfällt. Das behindert dann wieder die spätere Berufsausbildung, so daß sich auch die Gastarbei-
75 terkinder in den untergeordneten Tätigkeiten wiederfinden, die schon ihre Eltern ausgeübt haben. Sie werden so auf ein Leben als Außenseiter vorprogrammiert.

— Von Michael Jungblut
(Die Zeit, 24. Oktober 1972)

68 der Umstand - *circumstance*
70 häufig - *frequent(ly)*
70 ungenügend - *inadequate(ly)*
71 fördern - *advance; stimulate*
72 die Herkunft - *origin*
77 der Außenseiter - *outsider*
77 vorprogrammiert (auf + *acc.*) - *prepared specifically (for)*

A Answer nine of the eleven questions in complete German sentences.

1 Ist dieser Artikel in Ostdeutschland, in Westdeutschland, in Österreich oder in der Schweiz erschienen? Woher wissen Sie das?
2 Welche Gefahr droht dem Land?
3 Wie viele Gastarbeiter waren im Jahre 1972 in der Bundesrepublik?
4 Warum wagen die illegal eingereisten Arbeiter nicht, die Hilfe der deutschen Behörden in Anspruch zu nehmen?
5 Was für Arbeit machen die Gastarbeiter im Vergleich zu den deutschen Arbeitern?
6 Wie können viele Firmen ohne Entlassungen ihre Belegschaft schrumpfen lassen?
7 Warum können sie das?
8 Wo wohnen die meisten Gastarbeiter?
9 Warum ist es für die Kinder besonders schwer?
10 Was für Probleme haben diese Kinder in der Schule?
11 Was wird wohl später aus ihnen werden?

B Indicate for each of the following occurrences of **werden** whether it is used independently (I), in a future verb phrase (F), or in a passive verb phrase (P). If it is a future usage, write the dependent infinitive in the space provided; if it is passive, the dependent past participle; if it is independent, leave the space blank.

1 wurde (2)
2 wird (7)
3 worden (22)
4 wurde (23)
5 wird (25)
6 wurde (32)
7 werden (49)
8 werden (58)
9 werden (70)
10 werden (76)

C Give the antecedent of each of the underlined pronouns.

1 Sie stellen (15)
2 erfüllen, die (16)
3 sind sie (18)
4 die als (26)
5 Griechen, die (31)
6 Für sie (55)
7 sind, die (57)
8 in denen (59)
9 die ihnen (61)
10 ob sie (67)
11 Herkunft ihnen (72)
12 wiederfinden, die (75)

D There is an extended adjective construction in the sentence "Er rechnet...verwirklicht wird," lines 4-7. Write the complete construction, including the modifier which begins it and the noun which ends it, in the space provided. Then rewrite it as a noun + relative clause.

E In the following paragraph, underline the subject(s) of the main clause(s) once, the subject(s) of the subordinate clause(s) twice.

Die Eltern haben sich bisher weitgehend damit abgefunden, daß sie in ihrer zweiten Heimat auch nur Bürger zweiter Klasse sind. Für sie bedeutet das Leben in Deutschland trotzdem einen sozialen Aufstieg. Sie finden sich damit ab, daß sie hier Fremde sind, die von der Bevölkerung ignoriert und manchmal sogar verachtet werden. Die heruntergekommenen Wohnungen, in denen sie gegen Zahlung einer oft überhöhten Miete eine Bleibe gefunden haben, oder die meist recht primitiven Unterkünfte, die ihnen vom Arbeitgeber zur Verfügung gestellt werden, mögen ihnen im Vergleich zu ihrer heimatlichen Behausung noch erträglich erscheinen.

F Give the infinitive of each of the following verbs. Watch out for compound verbs.

1 beschworen (4)
2 stellen (15)
3 nachgewiesen (22)
4 angesehen (27)
5 zeichnet (48)
6 nimmt (50)
7 abgefunden (53)
8 ignoriert (57)
9 wachsen (64)
10 eingegliedert (67)

G Indicate the usage of each of the following words: (a) subordinating conjunction; (b) preposition; (c) adverb.

1 Da (7)
2 weil (16)
3 Außerdem (18)
4 Daß (21)
5 Da (24)
6 zu (26: all three)
7 Ohne (32)
8 Da (40)
9 Dabei (47)
10 seit (48)
11 zu (62)
12 ob (67)

H Rewrite each of the following relative clauses as an independent sentence, substituting the antecedent of the pronoun in your new sentence.

1 die die deutschen Behörden für die Ausstellung einer Arbeitserlaubnis stellen (16)
2 die von der Bevölkerung ignoriert und manchmal sogar verachtet werden (57)
3 in denen sie...eine Bleibe gefunden haben (59)

I Rewrite the following passives as active sentences.

1 Schmutzige, anstrengende, schlecht bezahlte Tätigkeiten werden von einheimischen Arbeitskräften als minderwertig angesehen. (25)
2 Recht primitive Unterkünfte werden ihnen vom Arbeitgeber zur Verfügung gestellt. (61)
3 In den Schulen werden diese Kinder häufig nur ungenügend gefördert. (70)

J Indicate the case and number of each underlined noun: N = Nominative; A = Accusative; D = Dative; G = Genitive; S = Singular; P = Plural. DS = Dative Singular; GP = Genitive Plural, etc.

Daß die Gastarbeiter wirtschaftlich gesehen ein Gewinn für die Bundesrepublik sind, ist oft genug nachgewiesen worden. Erst durch ihren Einsatz wurde die Verkürzung der Arbeitszeit möglich. Da es mit steigendem Wohlstand immer schwieriger wird, einheimische Arbeitskräfte für Tätigkeiten zu gewinnen, die als zu schmutzig, zu anstrengend, zu schlecht bezahlt oder in anderer Weise als minderwertig angesehen werden, konnten die entstehenden Lücken nur mit Ausländern gefüllt werden.

K What grammatical categories apply to the following sentence? Check all the descriptive phrases which apply to the sentence.

Auf dem Bau beispielsweise könnten heute viele Arbeiten überhaupt nicht mehr ausgeführt werden, gäbe es keine Türken oder Griechen, die dazu bereit sind.

*1 Simple sentence with no subordinate clauses*
*2 Contrary-to-fact condition*
*3 Unreal condition*
*4 Real condition*
*5 Indirect discourse*
*6 Passive verb phrase*
*7 Present tense*
*8 Past tense*
*9 Subjunctive I*
*10 Subjunctive II*

Rewrite the above sentence, inserting the word wenn and making the necessary changes in word order.

L Answer one of the following questions. Write in German no less than five and no more than ten sentences.

1 Wieso ist es ein Gewinn für die Bundesrepublik, Gastarbeiter aus der Türkei, aus Griechenland und aus anderen Ländern zu „importieren"?
2 Beschreiben Sie das Leben der Gastarbeiter und ihrer Kinder in der Bundesrepublik!

Biologie:

## Das Bienenvolk

Der Naturfreund hat zweifach Gelegenheit, mit den Bienen un-
schwer eine Bekanntschaft anzuknüpfen: geht er an einem warmen
Frühlings- oder Sommertag einem blühenden Obstgarten oder einer
blumigen Wiese entlang, so sieht er, wie sie sich an den Blüten
5 zu schaffen machen; und wenn er am Bienenstande eines Imkers
vorbeikommt, so sieht er sie dort an den Fluglöchern ihrer
Wohnungen aus und ein fliegen. Es mögen ein paar Dutzend oder
mehr als hundert Bienenstöcke sein. Der Imker kann sich auch,
wenn er will, mit einem einzigen begnügen. Aber er kann keine
10 kleinere Einheit haben als einen „Bienenstock", ein „Bienenvolk", dem viele tausend Bienen angehören. Der Bauer kann eine
einzelne Kuh, *einen* Hund, wenn er will *ein* Huhn halten, aber
er kann keine einzelne Biene halten — *sie* würde in kurzer
Zeit zugrunde gehen. Das ist nicht selbstverständlich, es ist
15 sogar sehr merkwürdig. Denn wenn wir uns in der Sippe der
entfernteren Verwandtschaft unserer Bienen umsehen, bei den
anderen Insekten, so ist ein solches zuhauf Zusammenleben
durchaus nicht allgemeiner Brauch. Bei den Schmetterlingen,
bei den Käfern, den Libellen usw. sehen wir Männchen und Weib-
20 chen sich zur Paarung kurz zusammenfinden, um sich rasch wieder zu trennen, und jedes geht seinen eigenen Weg; das Weibchen
legt seine Eier ab an einer Stelle, wo die ausschlüpfenden
jungen Tiere Futter finden, aber es pflegt seine eigenen Jungen nicht und lernt sie gar nicht kennen, denn es kümmert sich
25 nicht weiter um die abgelegten Eier, und bevor ihnen die Brut
entschlüpft, ist meist die Mutter schon tot. Warum sind die
Bienen voneinander so abhängig, daß sie für sich allein nicht
leben können? Und was ist überhaupt das „Bienenvolk"?

Gesetzt den Fall, unser Naturfreund könnte des Abends,
30 wenn alle ausgeflogenen Bienen heimgekehrt sind, einen Bienenstock aufmachen und seinen ganzen Inhalt auf einen Tisch
schütten — wieviele Bewohner würden wohl zum Vorschein kommen? Nimmt er sich die Mühe des Zählens und war das gewählte
Volk kein Schwächling, so findet er an die 40 000 bis 80 000
35 Bienen, also etwa so viele Mitglieder des Volkes, wie der

1 die Gelegenheit - *opportunity*
2 eine Bekanntschaft anknüpfen - *get acquainted*
3 das Obst - *fruit*
5 sich zu schaffen machen (an) = sich beschäftigen (mit)
5 der Bienenstand - *apiary*
5 der Imker - *beekeeper*
6 das Flugloch - *flight hole*
8 der Bienenstock - *beehive*
9 sich begnügen (mit) - *be satisfied (with)*
14 zugrunde gehen - *perish*
15 merkwürdig - *strange, odd*
15 die Sippe der entfernten Verwandtschaft - *the whole family, including distant relatives*
16 sich um·sehen - *look around*
17 zuhauf = in großen Mengen
18 durchaus nicht = gar nicht
18 allgemeiner Brauch - *habit*
18 der Schmetterling - *butterfly*
19 die Libelle - *dragonfly*
22 ausschlüpfen - *hatch*
23 pflegen - *care for, attend to*
24 sich kümmern (um) - *take care (of)*
25 die Brut - *brood*
26 entschlüpfen - *hatch out*
29 gesetzt den Fall - *assuming*
32 schütten - *spill out*
33 die Mühe - *effort*
34 an die - *approximately*

Einwohnerzahl einer mittelgroßen Stadt — z. B. Bayreuth oder Erlangen — entsprechen. Dabei hat er die Bienenkinder noch gar nicht mitgezählt; diese sind nicht ohne weiteres zu sehen, und so wollen wir vorerst bei den Erwachsenen bleiben.
40 Sie schauen auf den ersten Blick alle untereinander gleich aus. Jeder Bienenkörper ist deutlich in drei Teile gegliedert: der Kopf trägt seitlich die großen Augen, unten den Mund und vorne zwei Fühler, die bei allen Insekten zu finden sind; an der Brust sitzen seitlich zwei Paar Flügel und unten drei
45 Paar Beine; mit ihr durch eine schlanke Taille verbunden ist der geringelte Hinterleib.

Bei genauem Zusehen bemerkt man aber doch Verschiedenheiten zwischen den Tieren. Eine Biene ist dabei, die sich durch ihren langen und schlanken Hinterleib von allen übrigen Volks-
50 genossen unterscheidet; die Imker bezeichnen sie als die Königin; an ihr in erster Linie hängt das Wohl und Wehe des Volkes, denn sie ist das einzige vollentwickelte Weibchen im „Bienenstaate", die alleinige Mutter der riesigen Familie.

In größerer Zahl findet man andere Bienen, die sich durch
55 einen dicken, plumpen Körper und besonders große Augen auszeichnen; es sind die männlichen Tiere, die Drohnen; nur im Frühjahre und im beginnenden Sommer sind sie da; später sind sie nutzlos, und dann werden sie von den eigenen Volksgenossen gewaltsam entfernt. Alle anderen Tiere sind Arbeitsbienen
60 (Arbeiterinnen); sie bilden die große Masse des Volkes; es sind Weibchen, doch legen sie unter normalen Umständen keine Eier; gerade diese Fähigkeit, in der sich bei der Bienenkönigin und bei anderen Insekten das weibliche Geschlecht am deutlichsten offenbart, ist bei der Arbeiterin verkümmert;
65 dagegen sind bei ihr die mütterlichen Triebe der Fürsorge für die Nachkommenschaft in einer bei Insekten unerhörten Weise entfaltet, und sie nehmen der Königin, die dafür gar keinen Sinn hat, diese Arbeit völlig ab. Also die Königin legt, die Arbeiterin pflegt die Eier. Die Arbeitsbienen sorgen aber
70 auch für Reinlichkeit im Stock, sie entfernen Abfälle und Leichen, sie sind die Baumeister in der Bienenwohnung, sie sorgen für die rechte Wärme im Stock, schreiten zu seiner Verteidigung, wenn es not tut, schaffen die Nahrung herbei

36 Bayreuth: Stadt von etwa 62 000 Einwohnern; liegt nordöstlich von Nürnberg; Richard-Wagner-Festspiele
37 Erlangen: Stadt von etwa 75 000 Einwohnern; liegt nördlich von Nürnberg
38 ohne weiteres - *at once, right away*
39 vorerst - *for the time being*
40 aus·schauen = aus·sehen
45 schlank - *slender*
45 die Taille - *waist*
46 geringelt - *ringed*
49 der Volksgenosse - *member of the "tribe"*
51 das Wohl und Wehe - *well-being and misfortune, weal and woe*
53 riesig = übermäßig groß
55 plump - *clumsy*
55 sich aus·zeichnen - *be set apart, be distinguishable*
59 gewaltsam - *forcibly*
59 entfernen - *remove*
64 sich offenbaren - *be revealed*
64 verkümmert - *atrophied*
65 der Trieb - *instinct*
65 die Fürsorge - *care*
67 entfalten = entwickeln
68 der Sinn - *taste, liking*
70 die Reinlichkeit - *cleanliness*
70 der Abfall - *refuse, waste*
71 die Leiche - *dead body*
71 der Baumeister - *architect*
73 die Verteidigung - *defense*
73 not tun = notwendig sein

und übernehmen ihre Verteilung — alles Dinge, mit denen sich
75 die Königin und die Drohnen nicht abgeben.
So sind im Bienenvolke alle aufeinander angewiesen und
für sich allein nicht fähig, sich zu erhalten.

75 sich ab·geben = sich beschäftigen 76 angewiesen (auf) - *dependent (on)*

A Answer nine of the eleven questions in complete German sentences.

1 Wo sind Bienen am häufigsten zu sehen?
2 Wie nennt man die Wohnung der Bienen?
3 Was ist einer der Unterschiede zwischen den Bienen und den meisten anderen Insekten?
4 Was tun die meisten Männchen und Weibchen unter den Insekten, nachdem sie sich gepaart haben?
5 Warum sucht das Weibchen eine besondere Stelle aus, um seine Eier abzulegen?
6 Ist die Mutter dabei, wenn die jungen Tiere den Eiern entschlüpfen?
7 Warum zählt „unser Naturfreund" die Bienenkinder nicht mit?
8 Wodurch unterscheidet sich die Königin von den anderen Bienen?
9 Wodurch unterscheiden sich die Drohnen von den anderen?
10 Zu welcher Jahreszeit sind Drohnen im Bienenstock zu finden?
11 Welche Eigenschaft des Weibchens hat die Königin? Was macht sie aber nicht?

B Give the infinitive of each of the following verbs. Watch out for compound verbs.

1 sieht (4)
2 legt (22)
3 kümmert (24)
4 ausgeflogen (30)
5 schauen (40)
6 nehmen (67)

C Give the antecedent of each of the following pronouns.

1 er (6)
2 sie (6)
3 er (9)
4 es (23)
5 sie (24)
6 ihnen (25)
7 diese (38)
8 ihr (45)
9 sie (58)
10 denen (74)

D Rewrite each of the following sentences using the alternative pattern which retains the same meaning.

1 Geht er an einem warmen Frühlings- oder Sommertag einem blühenden Obstgarten oder einer blumigen Wiese entlang, so sieht er, wie sich die Bienen an den Blüten zu schaffen machen.
2 Wenn er am Bienenstande eines Imkers vorbeikommt, so sieht er sie dort an den Fluglöchern ihrer Wohnungen aus und ein fliegen.
3 Wenn wir uns in der Sippe der entfernteren Verwandtschaft unserer Bienen umsehen, bei den anderen Insekten, so ist ein solches zuhauf Zusammenleben durchaus nicht allgemeiner Brauch.
4 Nimmt er sich die Mühe des Zählens und war das gewählte Volk kein Schwächling, so findet er an die 40 000 bis 80 000 Bienen.

E Rewrite each of the following clauses, using the alternative pattern in parentheses.

1 ... diese sind nicht ohne weiteres zu sehen. (lassen + sich + infinitive)
2 ... die bei allen Insekten zu finden sind. (man + kann + infinitive)
3 ... die sich durch ihren langen Hinterleib von allen übrigen Volksgenossen unterscheidet. (man + inflected verb)

4 ... dann werden sie von den eigenen Volksgenossen gewaltsam entfernt. (active)

F Rewrite each of the following relative clauses as an independent sentence, using the antecedent of the relative pronoun in your new sentence.

1 die sich durch ihren langen und schlanken Hinterleib von allen übrigen Volksgenossen unterscheidet (48)
2 die sich durch einen dicken, plumpen Körper und besonders große Augen auszeichnen (54)
3 in der sich bei der Bienenkönigin und bei anderen Insekten das weibliche Geschlecht am deutlichsten offenbart (62)

G In the following sentence underline the subjects of the main clauses once, the subjects of the subordinate clauses twice.

Bei den Schmetterlingen, bei den Käfern, den Libellen usw. sehen wir Männchen und Weibchen sich zur Paarung kurz zusammenfinden, um sich rasch wieder zu trennen, und jedes geht seinen eigenen Weg; das Weibchen legt seine Eier ab an einer Stelle, wo die ausschlüpfenden jungen Tiere Futter finden, aber es pflegt seine eigenen Jungen nicht und lernt sie gar nicht kennen, denn es kümmert sich nicht weiter um die abgelegten Eier, und bevor ihnen die Brut entschlüpft, ist meist die Mutter schon tot.

H In the following sentence there is an extended adjective construction. Underline it and rewrite it as a noun + relative clause.

Bei ihr sind die mütterlichen Triebe der Fürsorge für die Nachkommenschaft in einer bei Insekten unerhörten Weise entfaltet.

I In lines 1-14 list six constructions with preposition + dative. Indicate which usage of the preposition is involved: (a) the preposition is always followed by the dative; (b) the preposition may be followed by dative or accusative. If the usage is (b), indicate whether it is used in an expression of time (T), or location (L).

J Recast to produce independent sentences that begin and end as indicated.

1 (wie) sie sich an den Blumen zu schaffen machen.
Sie...schaffen.
2 Es kümmert sich nicht weiter um die abgelegten Eier.
Um die...weiter.
3 Sie schauen auf den ersten Blick alle untereinander gleich aus.
Auf den...aus.
4 Mit ihr durch eine schlanke Taille verbunden ist der geringelte Hinterleib.
Durch...verbunden.
5 Dinge, mit denen sich die Königin und die Drohnen nicht abgeben.
Mit diesen Dingen...ab.

K Indicate the case and number of each underlined noun: N = Nominative; A = Accusative; D = Dative; G = Genitive; S = Singular; P = Plural. DS = Dative Singular; GP = Genitive Plural, etc.

Bei genauem Zusehen bemerkt man aber doch Verschiedenheiten zwischen den Tieren. Eine Biene ist dabei, die sich durch ihren langen und schlanken Hinterleib von allen übrigen Volksgenossen unterscheidet; die Imker bezeichnen sie als die Königin; an ihr in erster Linie hängt das Wohl und Wehe des

Volkes, denn sie ist das einzige vollentwickelte Weibchen im „Bienenstaate", die alleinige Mutter der riesigen Familie.

L Answer one of the following sets of questions. Write in German no less than five and no more than ten sentences.

1 Was sind die drei Teile des Bienenkörpers? Woraus besteht jeder Teil?
2 Beschreiben Sie die Arbeit der Arbeiterbienen! Welche Eigenschaft des Weibchens haben sie aber nicht?

Literatur:

## Sie machten einen Bogen um mich

Ich drückte nicht auf den Knopf, den Fahrstuhl zu holen, ich betrachtete die Tür zum Aufzugsschacht. Ich stellte mir die enge Zelle vor, die auf meinen Knopfdruck hin herabgleiten würde, womöglich mit einem Gegenüber darin, der seinen
5 Blick wie üblich auf meine Füße brannte oder an meinem Gesicht vorbei auf einen Fleck an der Zellenwand, machte mir das Gemisch der von Geschoß zu Geschoß gequollenen Essensgerüche klar, wie immer dienstags: Sauerkraut, Bratkartoffeln, Bouletten, faßte schon den Entschluß, lieber die Treppenstufen zu
10 nehmen, als ich den Mann an meiner Seite bemerkte. Ohne ihn anzusehen stellte ich fest, daß er einen grauen Hut mit einer breiten Krempe trug.

Der Mann drückte nicht auf den Knopf, den Fahrstuhl zu holen. Wahrscheinlich nahm er an, ich hätte längst durch
15 einen Knopfdruck die Automatik des Aufzugs ausgelöst, denn er wippte unruhig auf den Zehenspitzen, als erwarte er augenblicklich die grell ausgeleuchtete Zelle hinter der sich langsam zur Seite schiebenden Tür zum Aufzugsschacht. Gleich würde er, der es offenbar eilig hatte, als erster in der Zelle
20 sein, würde mechanisch auf den Knopf des gewünschten Stockwerks drücken, sich erschöpft gegen die Zellenwand lehnen und mit den Fingern dagegen trommeln, er: ein Opfer noch zu langsamer Technik.

Ist er außer Betrieb? fragte er. Ich erschrak, weil die
25 Stimme im Flur ungewöhnlich nachhallte.

Das weiß ich nicht, sagte ich sehr leise aus Angst vor einem fremden Nachhall meiner Stimme.

Auch er dämpfte seine Stimme, als er fragte, wie lange ich denn schon warten würde.

30 Ich glaube, noch nicht lange.

Zwei Minuten? Fünf Minuten? Zehn?

Ich weiß nicht, drei vielleicht, ich habe keine Uhr.

Ein Mann und eine Frau kamen dazu. Sie stellten sich neben uns und starrten auf die Tür zum Aufzugsschacht. Wir
35 alle starrten auf die Tür zum Aufzugsschacht.

Der ist wohl wiedermal defekt, sagte die Frau, die ich von der Seite bemerkte, auffällig geschminkt war.

Da steht man, sagte die Frau, nun den ganzen Tag über im Geschäft und muß sich hier auch noch die Beine in den Bauch
40 stehen.

Etwas Geduld muß man schon mitbringen, sagte der Mann mit dem Hut. Das klang schon aggressiv. Er wippte stärker als vorher mit den Füßen.

1 der Fahrstuhl - *elevator*
2 der Aufzugsschacht - *elevator shaft*
4 womöglich = vielleicht
4 das Gegenüber = jemand, der mit dem Gesicht zum Gesicht eines anderen sitzt oder steht
7 das Geschoß = der Stock, das Stockwerk
7 gequollen - *emanating*
8 die Boulette - *meat dumpling*
16 wippen: auf den Zehenspitzen wippen - *rock, heel and toe*
22 ein Opfer noch (zu) - *one more victim (of)*
24 außer Betrieb - *out of order*
25 nach·hallen - *echo*
39 die Beine in den Bauch stehen = lange warten müssen

Ich wohne im vierzehnten Stock, klagte die Frau.
45 Laß doch, Erika, sagte der Mann, der zur gleichen Zeit wie sie gekommen war.
Ich merkte, daß der Mann mit dem Hut überrascht einen Augenblick im Wippen innehielt und die beiden verstohlen musterte. Daß diese Frau auf einmal etwas Persönliches bekam, indem sie
50 hier vor dem Aufzugsschacht in dem hallenden Flur Erika hieß, daß sie obendrein von einem Mann gerügt worden war, der sie kannte, vielleicht sogar ihr Mann war, trug etwas zur Eindämmung seiner Ungeduld bei. Mir ist das schon mehrfach passiert, sagte der Mann und beugte sich vor, damit er jeden von
55 uns ansehen konnte. Um die Rüge von vorhin zu rechtfertigen, sagte er: Mit uns können sie es ja machen, mit den kleinen Leuten. Einen Haufen Miete verlangen sie einem ab — und dann sowas. Mit uns können sie es ja machen.
Da haben wir's, sagte Erika. Wahrscheinlich spielen Kinder
60 wieder darin herum. Immer spielen Kinder im Aufzug herum, obwohl es groß angeschlagen steht, daß für Kinder unter zehn Jahren die Benutzung des Aufzugs verboten ist.
Im wievielten sind Sie denn zu Hause? fragte sie den Mann mit dem Hut.
65 Offenbar war dem Mann die Frage nicht recht, denn er räusperte sich, starrte auf die Tür zum Aufzugsschacht und sagte mürrisch: im sechzehnten.
Donnerwetter, sagte die Frau erfreut, da haben Sie ja doch noch etwas mehr zu klettern als wir.
70 Der Mann, der sie Erika genannt hatte, sagte jetzt: Ich glaube, da sind wieder Leute ausgezogen. Die blockieren mit ihren Möbeln immer den Aufzug. Die halten ihn solange in ihrem Geschoß fest, bis er voll mit Möbeln ist, und hier unten stauen sich die Menschen.
75 Ein Junge von etwa sieben Jahren ging an uns vorbei, trat an die Tür zum Aufzugsschacht und drückte auf den Knopf. Sofort leuchtete „kommt" auf. Als sich die Tür zum Aufzug öffnete und ich stehenblieb, wo ich die ganze Zeit über schon stand, machten der Mann mit dem Hut, die Frau, die Erika hieß,
80 und der Mann, der offenbar zu ihr gehörte, einen Bogen um mich. Der Junge war längst in der Zelle.

— Hanne F. Juritz

51 obendrein = außerdem
51 rügen - *rebuke*
52 bei·tragen - *contribute*
52 die Eindämmung - *restraining*
53 die Ungeduld - *impatience*
55 rechtfertigen - *justify*
57 der Haufen - *heap, pile*
57 die Miete - *rent*
57 ab·verlangen *(+ dat.) - demand (of)*
57 einem [§18.4.3]
61 es steht groß angeschlagen - *there's a big sign*
63 Im wievielten = Im wievielten Stock
65 sich räuspern - *clear one's throat*
67 mürrisch - *sullen(ly)*
71 aus·ziehen - *move out*
74 sich stauen - *get jammed up*
77 „kommt": *Elevator buttons are often obligingly provided with the message that the elevator is in operation.*

A Answer nine of the eleven questions in complete German sentences.

1 Wer stand vor dem Aufzugsschacht?
2 Wie holt man den Fahrstuhl, wenn man darin hinauf- oder hinabfahren will?

3 Was kann man tun, wenn man nicht mit dem Aufzug fahren will?
4 Warum hatte die Person, die vor dem Aufzugsschacht stand, den Entschluß gefaßt, die Treppe zu nehmen?
5 Warum drückte der Mann mit dem grauen Hut nicht auf den Knopf?
6 Stand er ganz ruhig vor der Tür zum Aufzugsschacht? Was tat er, um zu zeigen, wie eilig er es hatte?
7 Woher wissen wir, daß der Mann und die Frau, die dazu kamen, miteinander bekannt waren?
8 Wie reagierte der Mann mit dem Hut darauf, daß der Mann und die Frau miteinander bekannt — und vielleicht verheiratet — waren?
9 Die Leute, die herumstehen, geben zwei mögliche Gründe, warum der Aufzug nicht kommt. Nennen Sie einen dieser beiden Gründe!
10 Warum kommt der Aufzug endlich?
11 Wer tritt als erster in die Zelle ein?

B Give the principal parts of each of the following verbs. Watch out for compound verbs.

1 brannte (5)
2 stellte (11)
3 nahm (14)
4 erschrak (24)
5 klang (42)
6 innehielt (48)
7 hieß (50)
8 trug (52)
9 beugte (54)
10 verboten (62)
11 ausgezogen (71)
12 ging (75)

C Give the antecedent of each of the following pronouns.

1 er (22)
2 er (24)
3 er (73)

D Does the pronoun **sie** in lines 56, 57, 58 have an antecedent? Is it singular or plural? To what or whom does it refer?

E Indicate whether each of the forms given below is (a) a definite article, (b) a relative pronoun, (c) an emphatic pronoun. If it is a definite article, write the noun it modifies in the space provided; if it is either a relative or an emphatic pronoun, its antecedent.

1 der (4)
2 der (7)
3 Der (36)
4 der (70)
5 Die (71)
6 Die (72)

F What is the best translation for **als** in each of the lines given? Choose among the following possible translations and write it in the space provided: as; as if; than; when.

1 (10)
2 (16)
3 (28)
4 (42)
5 (69)
6 (77)

G Rewrite the following relative clauses as independent sentences, using the antecedent of the relative pronoun in your new sentence.

1 die auf meinen Knopfdruck hin herabgleiten würde (3)
2 der es offenbar eilig hatte (19)

H There is an extended adjective construction in the sentence: "Wahrscheinlich...Aufzugsschacht," lines 14-18. Copy the whole construction, including the noun modifier which begins it and the noun which ends it. Then rewrite the construction as a noun + relative clause.

I Rewrite each of the following sentences, substituting an expression from the story for the underlined word or phrase.

1 Der Mann mit dem Hut <u>hörte</u> einen Augenblick <u>auf</u> <u>zu wippen</u>.
2 Die Frau sagte, daß man hier noch <u>lange warten</u> müsse.

J Look at each of the following verb forms in its context, then underline the stressed syllable of each.

1 betrachtete (2)
2 anzusehen (11)
3 ausgelöst (15)
4 verstohlen (48)
5 ausgezogen (71)
6 stehenblieb (78)
7 gehörte (80)

K What form is **hätte**, line 14? Why is it used here?
What form is **erwarte**, line 16? Why is it used here?

L Rewrite each of the following subordinate clauses as an independent sentence, omitting the subordinating conjunction and making the necessary changes in word order.

1 weil die Stimme im Flur ungewöhnlich nachhallte
2 damit er jeden von uns ansehen konnte
3 obwohl es groß angeschlagen steht
4 daß für Kinder unter zehn Jahren die Benutzung des Aufzugs verboten ist

M Answer <u>one</u> of the following sets of questions. Write in German no less than five and no more than ten sentences.

1 Wer erzählt die Geschichte, „Sie machten einen Bogen um mich": ein Mann oder eine Frau? Was glauben Sie? Warum glauben Sie das? Oder ist es eine völlig unwichtige Frage?
2 Was für ein Mensch war der Mann, der als zweiter an den Aufzugsschacht kam? Beschreiben Sie ihn!

# ANSWERS TO EXERCISES

Since you may have to correct as many as four different exercises for Übung B, and since these exercises are closely tied to each text (for example, often the students are asked to supply the antecedents of several pronouns, for which line numbers are given), the answers to the "B" exercises are printed on the following pages. Answers for Übung A, which is dealt with in the whole-class situation, have not been provided.

Übung B

Name ______________________________ Datum ____________

A Indicate by a check in the appropriate column whether the noun following the preposition is dative or accusative. Then give the reason for the use of that case: goal, position, time, or idiomatic usage. [§1.2.3 + §1.3.4; cf. §4 for case endings.]

| | Dative | Accus. | Reason |
|---|---|---|---|
| 1 in das Oberbecken (6) | | ✓ | *goal* |
| 2 im Oberbecken (11) | ✓ | | position |
| 3 in den Maschinenteilen (26) | ✓ | | position |
| 4 auf die Vorrichtung (28) | | ✓ | idiom: anwenden |
| 5 in den vergangenen Jahrhunderten (34) | ✓ | | time |
| 6 in der Maschine (44) | ✓ | | position |
| 7 in elektrische Energie (44) | | ✓ | goal |

B Give the infinitive of each of the following verbs. Watch out for separable components of compound verbs [§9.5.1].

| | |
|---|---|
| 1 schlug (1) [6a] | vorschlagen |
| 2 treibt (4) [1a] | antreiben |
| 3 fließt (4) [2a] | fließen |
| 4 zugeführt (10) | zuführen |
| 5 besitzt (12) [4d] | besitzen |
| 6 heben (15) [2d] | heben |
| 7 stellt (20) | feststellen |
| 8 umgewandelt (27) | umwandeln |
| 9 angewendet (29) | anwenden |
| 10 beschrieben (31) [1a] | beschreiben |

C Give the antecedent of each of the following personal or relative pronouns. [§5.3]

| | |
|---|---|
| 1 welche (6) | Wasserschraube |
| 2 es (7) | Wasser |
| 3 die (10) | Energie |

4 Diese (12) (potentielle) Energie

5 Sie (17) Vorrichtung

6 das (18) perpetuum mobile

7 er (29) Satz

8 den (40) Fahrraddynamo

9 die (47) Maschine

10 sie (52) Vorschläge

11 Er (53) Erfinder

D Using the principles reviewed in Exercise A on the other side of this sheet, fill in the blanks with the appropriate form of the prepositional phrase.

1 Das Wasser wird durch die Wasserschraube in das Oberbecken gehoben. (in + das Oberbecken)

2 Die Vorrichtung bleibt stehen, weil die gesamte Wassermenge in dem Unterbecken ist. (in + das Unterbecken)

3 Potentielle Energie wird in kinetische Energie umgewandelt. (in + kinetische Energie)

4 Kein perpetuum mobile wird in diesem Jahr gebaut. (in + dieses Jahr)

Übung B

Name ________________________________ Datum ____________

A Indicate by a check in the appropriate column whether the noun or pronoun following the preposition is dative or accusative. Then give the reason for the use of that case: goal, position, time, or idiomatic usage. [§1.2.3 + §1.3.4; cf. §4 for case endings.]

| | Dative | Accus. | Reason |
|---|---|---|---|
| 1 an meinen Vater (6) | | ✓ | idiomatic: Erinnerung |
| 2 in der Familie (8) | ✓ | | position |
| 3 an die Wand (17) | | ✓ | goal |
| 4 in vielen anderen Ehen (21) | ✓ | | position |
| 5 in der Heilpädagogik (35) | ✓ | | position |
| 6 in die Industrie (36) | | ✓ | goal |
| 7 im Beruf (42) | ✓ | | position |
| 8 in denen (44) | ✓ | | position |
| 9 in unseren Illustrierten (55) | ✓ | | position |
| 10 in der (71) | ✓ | | position |

B Give the infinitive of each of the following verbs.

1 gestorben (1) [5a] sterben

2 fertiggebracht (10) [§6.1.2] fertigbringen

3 dachte (13) [§6.1.2] denken

4 vorziehe (29) [2a] vorziehen

5 schiefging (44) [§6.2.2] schiefgehen

C Give the antecedent of each of the following personal or relative pronouns. [§5.3]

1 der[1] (30) Ehe

2 die (31) Männern

3 ihm (33) Mann

4 die (42) Frauen

5 ihn (55) Mensch

D The ending -er can be a signal for the comparative [§4.8], or it can be a simple adjective ending [§4.6, §4.7]. Look at the following adjectives in their contexts and indicate which are comparatives and which are adjectives with adjective endings.

1 einfacher (3) adjective ending

2 russischer (4) adjective ending

3 primitiver (23) comparative

4 älter (31) comparative

5 stärker (32) comparative

6 einiger (49) adjective ending

E Using the principles reviewed in Exercise A on the other side of this sheet, fill in the blanks with the appropriate form of the prepositional phrase.

1 Barbara erinnert sich nicht sehr deutlich an ihren Vater.
(an + ihr Vater)

2 Sie möchte nicht in der Erziehungsberatung arbeiten.
(in + die Erziehungsberatung)

3 Sie möchte auch nicht in die Berufsberatung gehen.
(in + die Berufsberatung)

4 In diesem Fall ist es schiefgegangen.
(In + dieser Fall)

Übung B

Name ________________________ Datum ____________

A Indicate by a check in the appropriate column whether the noun or pronoun following the preposition is dative or accusative. Then give the reason for the use of that case: goal, position, time, or idiomatic usage. [§1.2.3 + §1.3.4; §4 for case endings.]

| | Dative | Accus. | Reason |
|---|---|---|---|
| 1 in sie (28) | | ✓ | goal |
| 2 in gesunden Zellen (35) | ✓ | | position |
| 3 in den letzten Jahren (43) | ✓ | | time |
| 4 in den Mittelpunkt (43) | | ✓ | goal |
| 5 in den Feinbau (48) | | ✓ | goal |
| 6 an die Nachkommen (53) | | ✓ | goal |
| 7 im Zellplasma (76) | ✓ | | position |
| 8 an die Tochterzellen (84) | | ✓ | goal |

B Indicate the usage of **werden**: independent (I), future (F), or passive (P). [§10]

| | | | | | |
|---|---|---|---|---|---|
| 1 wurden (9) | P | 6 wird (33) | F | 11 werden (62) | F |
| 2 geworden (20) | I | 7 worden (52) | P | 12 werden (66) | P |
| 3 wird (24) | P | 8 werden (54) | P | 13 werden (80) | P |
| 4 werden (29) | P | 9 wird (56) | F | 14 werden (83) | P |
| 5 werden (32) | P | 10 wird (59) | F | 15 wird (85) | P |

C Give the antecedent of each of the following personal or relative pronouns. [§5.3]

| | |
|---|---|
| 1 ihnen (14) | Biologen |
| 2 die (25) | (entartete) Zellen |
| 3 Sie (27) | (entartete) Zellen |
| 4 sie[1] (28) | (normale) Körperzellen |
| 5 sie[2] (28) | (normale) Körperzellen |
| 6 die (53) | Zellbestandteile |
| 7 Sie (77) | Vakuolen |

D Using the principles reviewed in Exercise A on the other side of this sheet, fill in the blanks with the appropriate form of the prepositional phrase.

1 In dem 17. Jahrhundert haben viele Biologen (in + das 17. Jahrhundert) die Zelle erforscht.

2 Die Eltern geben ihre Merkmale an die Kinder (an + die Kinder) weiter.

3 Man erkennt immer genauer die Lebensvorgänge in den normalen Körperzellen (in + die normalen Körperzellen).

4 Die Krebszellen dringen in gesunde Zellen (in + gesunde Zellen) ein.

Übung B

Name ______________________________ Datum ____________

A Indicate by a check in the appropriate column whether the noun following the preposition is dative or accusative. Then give the reason for the use of that case: goal, position, time, or idiomatic usage. [§1.2.3 + §1.3.4; cf. §4 for case endings.]

| | Dative | Accus. | Reason |
|---|---|---|---|
| 1 in einem Dorf (1) | ✓ | | position |
| 2 an jenem Tage (8) | ✓ | | time |
| 3 ins Nachbardorf (21) | | ✓ | goal |
| 4 auf ihren Mann (26) | | ✓ | idiom: warten |
| 5 vor dem Hause (27) | ✓ | | position |
| 6 an die Tür (28) | | ✓ | goal |
| 7 in all den Jahren (31) | ✓ | | time |
| 8 in der Stube (41) | ✓ | | position |
| 9 an seinen Auftrag (60) | | ✓ | idiom: denken |
| 10 in die Stadt (67) | | ✓ | goal |

B Give the infinitive of each of the following verbs. Watch out for separable components of compound verbs [§9.5.1].

1 aufbot (10) [2a] aufbieten

2 traf (25) [5a] eintreffen

3 antrugen (33) [6a] antragen

4 zuriet (34) [7a] zuraten

5 wies (36) [1a] abweisen

6 gefiel (40) [7a] gefallen

7 saß (41) [4d] sitzen

8 bat (45) [4d] bitten

9 fuhr (51) [6a] herumfahren

C Give the antecedent of each of the following personal or relative pronouns. [§5.3]

1 die (16) Spur

2 den (40) Mann

3 der (53) Vagabund

4 ihr (53) Frau

5 sie (63) Geldbörse

6 ihm (64) Mann

7 der (65) Hang

8 sie (72) Reiterin

9 das (73) Wanderleben

10 sie (80) Frau

D Using the principles reviewed in Exercise A on the other side of this sheet, fill in the blanks with the appropriate form of the prepositional phrase.

1 Die brave Ehefrau lebte nicht in der Stadt.
(in + die Stadt)

2 Sie hörte Männerschritte vor der Tür.
(vor + die Tür)

3 Die Frau wollte an diesem Tag(e) einen Hefekuchen backen.
(an + dieser Tag)

Übung B

Name ______________________ Datum ____________

A Each of the following sentences starts with an element other than the subject. Underline the inflected verb of the main clause once, the subject twice. Then identify the nature of the first element — adverb, prepositional phrase, etc. [§8.1.2.1-6; cf. also §5.5.1 for man.]

1 Selbst mit dem Mikroskop kann man Atome nicht erkennen. — adverb / prepositional phrase

2 Wenn man eine Verbindung immer weiter zu unterteilen sucht, kommt man gleichfalls zu einer bestimmten, endlichen Grenze. — subordinate clause

3 Untersucht man in dieser Weise Gase, so kommt man zu einheitlichen Gebilden. — subordinate clause

4 Gelegentlich spricht man auch bei der Beschreibung der Feststoffe von molekularen Bestandteilen. — adverb

5 Die kleinsten Teilchen einer Verbindung nennt man Moleküle. — noun phrase, acc.

6 Unter Verwendung von Symbolen und Formeln wird der Ablauf einer Reaktion durch eine Reaktionsgleichung wiedergegeben. — prepositional phrase

B The gender of a noun is often signaled by its suffix [§9.1] or its derivative formation [§2.5, for example]. Indicate the gender of each of the following nouns by writing the appropriate form of the definite article in the blank provided.

1 das Zerreiben (1)
2 das Teilchen (1)
3 das Stäubchen (3)
4 die Teilung (3)
5 die Unterteilung (7)
6 die Eigenschaft (11)
7 die Bezeichnung (12)
8 der Träger (22)
9 die Verbindung (24)
10 die Wirklichkeit (36)
11 die Ausschärfung (39)
12 das Aneinanderreihen (43)
13 die Untersuchung (49)
14 die Abkürzung (56)
15 die Verbrennung (62)
16 die Abbildung (78)

C Using word formation as well as contextual clues, indicate whether each of the following nouns is singular (S) or plural (P). [§3]

1 P Teilchen (26)
2 P Atome (26)
3 S Verbindung (27)
4 P Elementen (27)
5 S Weise (28)
6 P Gase (28)
7 P Gebilden (28)
8 P Teilchen (29)
9 P Moleküle (33)
10 P Feststoffe (35)
11 P Reaktionen (77)
12 P Atomverbänden (77)

D Rewrite the following subordinate clauses as independent sentences, omitting the subordinating conjunction and putting the inflected verb in its "independent" position.

1 ...daß alle Forscherarbeit des 19. Jahrhunderts zu einem sicheren Ergebnis führte...(6)

**Alle Forscherarbeit des 19. Jahrhunderts führte zu einem sicheren Ergebnis.**

2 ...daß diese Unterteilung eine ganz bestimmte, endliche Grenze hat. (7)

**Diese Unterteilung hat eine ganz bestimmte, endliche Grenze.**

3 ...daß die Atome mit physikalischen Mitteln in noch kleinere Elementarbausteine zerlegt werden können. (20)

**Die Atome können mit physikalischen Mitteln in noch kleinere Elementarbausteine zerlegt werden.**

4 Wenn man eine Verbindung immer weiter zu unterteilen sucht,... (24)

**Man sucht eine Verbindung immer weiter zu unterteilen.**

5 ...daß diese Ausdrucksweise einer späteren Ausschärfung bedarf. (38)

**Diese Ausdrucksweise bedarf einer späteren Ausschärfung.**

Übung B

Name ____________________ Datum ____________

A Which of the following -er endings indicate comparative, which are case-endings?

1 wunderbarer (1) case ending
4 weiter (16) comparative
2 weiter (5) comparative
5 guter (46) case ending
3 intimerer (11) comparative case ending

B The gender of a noun is often signaled by its suffix [§9.1] or its derivative formation [§2.5, for example]. Indicate the gender of each of the following nouns by writing the appropriate nominative-singular form of the definite article in the blank provided.

1 die Freundschaft (7)
2 die Nachbarschaft (9)
3 die Bekanntschaft (11)
4 die Höflichkeit (12)
5 die Freundlichkeit (13)
6 die Empfehlung (14)
7 das Rufen (21)
8 das Lachen (22)
9 das Schimpfen (22)
10 das Wasser-in-die-Badewanne-laufen-Lassen (22)
11 das Singen (23)
12 das Pfeifen (23)
13 das Wissen (28)
14 die Stellung (31)
15 die Beobachtung (39)
16 die Teilnahmslosigkeit (39)
17 die Nachbarin (45)
18 die Nachbarlichkeit (46)
19 die Gefälligkeit (46)
20 die Entschuldigung (50)

C Note that most nouns that end in -e and refer to things are feminine. [But read §2.3.] Supply the appropriate definite article for the following nouns.

1 die Fernsehantenne (19)
2 die Badewanne (22)
3 die Waschmaschine (33)
4 die Truhe (34)
5 die Leopardenjacke (35)
6 die Neugierde (38)
7 die Weise (52)

D The gender of a noun can often be determined by a careful reading of contextual signals. Look at the text and then mark the gender of each noun given.

1 der Instinkt (1)

2 die Tatsache (9)

3 der Tag (15)

4 der Weg (15)

5 das Ohr (19)

6 die Art (20)

7 die Gans (24)

8 der Kuchen (24)

9 der Markt (25)

10 der Wagen (29)

11 der Lieferwagen (32) [§16.2]

12 die Waschmaschine (33)

13 das Haus (33)

14 die Schau (43)

15 der Kinderwagen (44)

16 der Nachbar (54)

E Read §12.1, §12.1.1, §12.1.3, §12.1.5. Then rewrite the following direct questions and commands as indirect discourse.

1 Brät die Nachbarin eine Gans?

Ich frage mich, ob die Nachbarin eine Gans brät.

2 Was für einen Kuchen bäckt die Nachbarin?

Es duftet, und ich möchte wissen, was für einen Kuchen die Nachbarin bäckt.

3 Wen besucht sie?

Die neugierige alte Jungfer sieht die junge Dame in Leopardenjacke zum Hause hereinkommen und fragt sich, wen sie besucht.

4 Besucht sie den jungen Mann, der oben das Appartement hat?

Sie möchte eigentlich wissen, ob sie den jungen Mann besucht, der oben das Appartement hat.

5 Muß man taub und blind leben?

Die freundliche Hausfrau, die den ganzen Tag allein zu Hause bleibt, fragt sich täglich, ob man taub und blind leben muß.

6 Laß dich nicht mit Leuten aus dem Hause ein!

Aber es ist die Empfehlung dieser Autorin, daß man sich nicht mit Leuten aus dem Hause einlassen soll.

Übung B

Name ______________________________ Datum ____________

A Look at each of the following nouns in its context and indicate which are singular, which plural. [§3]

| | | | | | |
|---|---|---|---|---|---|
| 1 | P | Nadelgehölzen (1) | 11 | P | Arten (48) |
| 2 | P | Blätter (2) | 12 | S | Hochgebirge (52) |
| 3 | P | Zapfen (9) | 13 | P | Steilhängen (53) |
| 4 | S | Zapfen (10) | 14 | S | Nadelwechsel (54) |
| 5 | P | Zapfenschuppen (10) | 15 | P | Abgase (55) |
| 6 | P | Nacktsamer (17) | 16 | P | Nadelwäldern (57) |
| 7 | S | Zweig (27) | 17 | S | Pfahlwurzel (58) |
| 8 | P | Nadelstiele (29) | 18 | P | Böden (60) |
| 9 | P | Zweige (30) | 19 | S | Wuchsform (62) |
| 10 | S | Stiel (35) | 20 | P | Zapfen (63) |

B Most of the sentences in the reading selection (disregarding lines 27-44 and 64-72) start with the subject. There are nine which do not. Locate these sentences and copy out in columns:

| | The first element | The inflected verb of the main clause | The subject of the main clause |
|---|---|---|---|
| 1 | Auf jedem Fruchtblatt | liegen | zwei Samenanlagen |
| 2 | Pflanzen | bezeichnen | wir |
| 3 | Dadurch | kann | er |
| 4 | In diesem | reifen | die Samen |
| 5 | So | ist | die Gemeine Kiefer |
| 6 | Durch den jährlichen Nadelwechsel | ist | sie |
| 7 | In den Nadelwäldern | finden | wir |
| 8 | Mit ihrer langen Pfahlwurzel | dringt...ein | die Kiefer |
| 9 | Die einzelnen Arten | kann | man |

C The gender of a noun can often be determined by a careful reading of contextual signals. Look at the text and then mark the gender of each noun given, using the nominative singular form of the definite article: der, die, or das.

| | | |
|---|---|---|
| 1 | der | Winter (3) |
| 2 | die | Lärche (4) |
| 3 | der | Blütenstand (5) |
| 4 | der | Blütenstaub (13) |
| 5 | die | Samenanlage (14) |
| 6 | der | Fruchtknoten (15) |
| 7 | der | Pollen (17) |
| 8 | die | Luft (18) |
| 9 | die | Bestäubung (20) |
| 10 | die | Kiefer (25) |
| 11 | der | Wind (26) |
| 12 | die | Unterseite (28) |
| 13 | die | Spitze (33) |
| 14 | die | Fichte (46) |
| 15 | der | Nadelwechsel (54) |
| 16 | die | Pfahlwurzel (58) |
| 17 | das | Erdreich (59) |
| 18 | die | Wuchsform (62) |

D You may find it interesting to puzzle out the following little matching quiz and add to your vocabulary of botanical terms. Answers are at the bottom of the page.

| | | |
|---|---|---|
| e | 1. Bedecktsamer | a. anemone |
| d | 2. Kapselhals | b. dioecious |
| i | 3. Kreuzblütler | c. dandelion |
| c | 4. Löwenzahn | d. apophysis |
| j | 5. Schmetterlingsblütler | e. angiosperm |
| f | 6. Sporenkapsel | f. sporangium |
| g | 7. Vorkeim | g. prothallium |
| a | 8. Windröschen | h. dicotyledonous |
| b | 9. zweihäusig | i. cruciferous plant |
| h | 10. zweikeimblättrig | j. papilionaceous plant |

Answers to the quiz on botanical terms: 1e, 2d, 3i, 4c, 5j, 6f, 7g, 8a, 9b, 10h.

Übung B

Name ________________________________ Datum ____________

A Indicate by a check in the appropriate column whether the noun or pronoun following the preposition is dative or accusative. Then look at the sentence in which the phrase occurs and determine the reason for that case: goal, position, time, or idiomatic usage. [§1.2.3 + §1.3.4]

| | Dat. | Acc. | Reason |
|---|---|---|---|
| 1 am Fenster (1) | √ | | position |
| 2 vor ihrem Haus (5) | √ | | position |
| 3 an die Stirne (20) (See Notes 31-36, p. 21, Einführung.) | | √ | sich greifen |
| 4 über die Brüstung (25) | | √ | goal |
| 5 über der Brust (33) | √ | | position |
| 6 zwischen ihnen (35) | √ | | position |
| 7 auf dem Kopf (38) | √ | | position |
| 8 in ein Leintuch (41) | | √ | hüllen |
| 9 in tiefe Falten (47) | | √ | sich legen |
| 10 hinter ihnen und der Frau (54) | √ | | position |
| 11 hinter ihnen (67) | √ | | position |
| 12 hinter ihm (74) | √ | | position |
| 13 über ihn hinweg (74) [§15] | | √ | goal: sehen |
| 14 in ihr eigenes Fenster (75) | | √ | goal: sehen |
| 15 In die Wohnung (77) | | √ | goal |
| 16 in dem (79) | √ | | position |
| 17 vor Jubel (82) (See Note 32, p. 21, Einführung.) | √ | | emotion |
| 18 über das Gesicht (82) | | √ | goal: streichen |
| 19 in der hohlen Hand (84) | √ | | position |
| 20 ins Gesicht (85) | | √ | goal |

[Note the frequent use of the definite article with parts of the body in the phrases above.]

B Rewrite the following sentences in the present tense. [§7.1.1]

1 Der Alte öffnete und nickte herüber.

Der Alte öffnet und nickt herüber.

2 Meint er mich? dachte die Frau.

Meint er mich? denkt die Frau.

3 Die Wohnung über ihr stand leer.

Die Wohnung über ihr steht leer.

4 Unterhalb lag eine Werkstatt.

Unterhalb liegt eine Werkstatt.

5 Er griff sich an die Stirne.

Er greift sich an die Stirne.

6 Sooft er aufsah, kniff er das linke Auge zu.

Sooft er aufsieht, kneift er das linke Auge zu.

7 Er wurde ernst.

Er wird ernst.

8 Er warf das Lachen über die Straße.

Er wirft das Lachen über die Straße.

C The gender of a noun can often be determined by a careful reading of contextual clues. Look at the text and then mark the gender of each noun given by writing the appropriate nominative singular form of the definite article: der, die, or das. [§4]

1 der Blick (3)

2 der Gefallen (4)

3 der Lärm (7)

4 der Eindruck (11)

5 der Hut (21)

6 der Schritt (26)

7 der Schal (28)

8 der Turban (32)

9 das Einverständnis (35)

10 das Leintuch (41)

Übung B

Name ________________ Datum ________

A Give the antecedent of each of the following pronouns.

1 Dieser (6) Zerfall
2 die (9) Kathodenstrahlen
3 Es (11) Atom
4 der (11) Kern
5 der (15) Raumbereich
6 ihm (23) Rutherford
7 dem (27) Kernmodell des Atoms
8 sie (33) Elektronen

B Look at each of the following words in its context and put a check beside those which function as subordinating conjunctions. [§18.1, §18.2, §18.3]

1 als (19) ✓
2 Da (20) ✓
3 Damit (25) ____
4 als (26) ____
5 Da (32) ✓

C There is one extended participle construction [§14] in your selection, within lines 20-26. Copy it out, including the introductory modifier and the closing noun, and translate it into English.

in der im Kern konzentrierten Materie

in the matter (that is) concentrated in the nucleus

D Using the information from the "Tabelle," complete the following sentences by filling in the blanks. Frequently a word will have to be changed to fit the structure. For example the first item:

Lavoisier: Begründer der exakten Chemie

could be written out as a full sentence thus:

Lavoisier begründete die exakte Chemie.

One new vocabulary item will be needed: veröffentlichen - publish.

1 Im Jahre 1808 veröffentlichte Lamarck die „Vererbung erworbener Eigenschaften".

2 (Im Jahre) 1808 veröffentlichte Dalton die erste Tabelle der Atomgewichte.

3 1811 begründete Avogadro die Molekulartheorie der Gase.

4 Liebig entwickelte künstliche Düngung.

5 R. Mayer entdeckte __den Satz von der Erhaltung der Energie__.

6 Berzelius ___entdeckte___ zahlreiche Elemente.

7 In den sechziger Jahren des 19. Jahrhunderts wurde __die__ __Chemieindustrie__ begründet.

8 Im Jahre 1865 __veröffentlichte__ Mendel seine Vererbungsgesetze.

9 Mendelejew und L. Meyer __entwickelten__ das Periodensystem.

10 __(Im Jahre) 1871__ veröffentlichte Darwin die „Abstammung des Menschen".

E Write five similar sentences of your own concerning facts in the table.

------------------------------------------------------------

------------------------------------------------------------

------------------------------------------------------------

------------------------------------------------------------

------------------------------------------------------------

------------------------------------------------------------

------------------------------------------------------------

------------------------------------------------------------

------------------------------------------------------------

------------------------------------------------------------

Übung B

Name ______________________ Datum ____________

A Determine how each of the nouns in the following list is used in the clause in which it appears. If it is used as subject, put a check beside it; otherwise leave it blank.

1 Zustand (3) ✓
2 Ansicht (4) ✓
3 Einzelaspekten (6)
4 Ergebnisse (7) ✓
5 Untersuchung (9)
6 Angestellte (11) ✓
7 Erhebung (15) ✓
8 Auskunft (18)
9 Leitung (18) ✓
10 Masse (23) ✓
11 Viertel (26)
12 Angestellten (27)
13 Verdienst (30)
14 Hälfte (38) ✓
15 Anspruch (40)
16 Familienpflichten (54)
17 Industrie (63)
18 Fünftel (68) ✓
19 Macht (70)
20 Kriegsschäden (81) ✓

B Identify each of the following verb forms and write out its principal parts.

1 geschehen (2) past participle

| Infinitive | Pres. 3rd Singular | Past | Past participle |
|---|---|---|---|
| geschehen | geschieht | geschah | geschehen |

2 bewiesen (5) past participle

| beweisen | beweist | bewies | bewiesen |
|---|---|---|---|

3 vorgelegt (10) past participle

| vorlegen | legt...vor | legte...vor | vorgelegt |
|---|---|---|---|

4 lag (19) past tense

| liegen | liegt | lag | gelegen |
|---|---|---|---|

5 revidiert (33) past participle

| revidieren | revidiert | revidierte | revidiert |
|---|---|---|---|

6 angebracht (45) past participle

| anbringen | bringt...an | brachte...an | angebracht |
|---|---|---|---|

7 wenden...(48) present, 3d plural

| aufwenden | wendet...auf | wandte...auf | aufgewandt |
|---|---|---|---|

8 besitzen (69) present, 3d plural

besitzen besitzt besaß besessen

9 vergleichen (78) present, 1st plural

vergleichen vergleicht verglich verglichen

10 abzuwerben (85) infinitive

abwerben wirbt...ab warb...ab abgeworben

C Review the notes on pronunciation on pages 53 and 54 of the Einführung. Then indicate where the stress falls in each of the following verb forms by underlining the accented syllable.

1 <u>vor</u>gelegt (10)
2 resü<u>mier</u>te (29) [§9.3.3: Note]
3 absol<u>viert</u> (39)
4 ge<u>schieht</u> (43)
5 <u>an</u>gebracht (45)
6 be<u>stä</u>tigt (53)
7 ent<u>wick</u>elt (64)
8 <u>aus</u>zudehnen (70)
9 <u>zu</u>zufügen (83)
10 <u>vor</u>geschoben (87)

Übung B

Name ________________________ Datum ____________

A Give the antecedents of the following pronouns.

1 dem (10) Fachgebiet    6 ihr (54) Gemeinschaft

2 denen (28) Gesetze    7 es (54) Einzelwesen

3 denen (31) Lebensräumen    8 ihm (56) Einzelwesen

4 ihm (39) Lebensraum    9 sie (66) Pflanzendecke

5 der (52) Lebensgemeinschaft    10 ihr (66) Lebensgemeinschaft

B Review page 92 of the Einführung and consult §14.1. There are four extended adjective constructions in your present selection, two in the paragraph lines 30-35, two in the paragraph lines 49-56. Copy the constructions out, including the introductory modifier and the closing noun. Then translate each into English.

1 die für sie günstigsten Lebensbedingungen

the living conditions that are most favorable for it

2 Die miteinander in Gesellschaft lebenden organismenarten (eines Lebensraumes)

The types of organisms (of an environment) that live in association with each other

3 einen durch die Bedingungen des jeweiligen Lebensraumes geformten besonderen Aufbau

an arrangement that is formed by the conditions of the respective environment

4 der ihm eigentümlichen Lebensgemeinschaft

the living community which is peculiar to it

C Rewrite the following subordinate clauses as independent sentences, omitting the subordinating conjunction and putting the verb in its "independent" position.

1 daß es vielen Naturbeobachtern nicht notwendig erschien, dieser Tatsache besondere Bedeutung zuzuschreiben. (4)

Es erschien vielen Naturbeobachtern nicht notwendig, dieser Tatsache besondere Bedeutung zuzuschreiben.

2 weil dort die für sie günstigsten Lebensbedingungen vorhanden sind. (32)

Dort sind die für sie günstigsten Lebensbedingungen vorhanden.

3 wenn es an die besonderen ökologischen Bedingungen des Lebensraumes und der ihm eigentümlichen Lebensgemeinschaft angepaßt ist. (54)

Es ist an die besonderen ökologischen Bedingungen des

Lebensraumes und der ihm eigentümlichen Lebensgemeinschaft

angepaßt.

4 Wenn wir eine Lebensgemeinschaft beobachten und untersuchen, (63)

Wir beobachten und untersuchen eine Lebensgemein-

schaft.

5 daß das äußere Bild der Landschaft in erster Linie durch die Pflanzendecke bestimmt wird. (64)

Das äußere Bild der Landschaft wird in erster Linie

durch die Pflanzendecke bestimmt.

D Identify each of the following verb forms and write out its principal parts.

1 angesehen (3) past participle

| Infinitive | Pres. 3rd Singular | Past | Past participle |
|---|---|---|---|
| ansehen | sieht...an | sah...an | angesehen |

2 erschien (4) past, 3rd singular

| | | | |
|---|---|---|---|
| erscheinen | erscheint | erschien | erschienen |

3 zuzuschreiben (5) infinitive

| | | | |
|---|---|---|---|
| zuschreiben | schreibt...zu | schrieb...zu | zugeschrieben |

4 beiträgt (8) present, 3rd singular

| | | | |
|---|---|---|---|
| beitragen | trägt...bei | trug...bei | beigetragen |

5 hängen...(14) present, 3rd plural

| | | | |
|---|---|---|---|
| abhängen | hängt...ab | hing...ab | abgehangen |

6 stellt...(38) present, 3rd singular

| | | | |
|---|---|---|---|
| darstellen | stellt...dar | stellte...dar | dargestellt |

7 gilt (47) present, 3rd singular

| | | | |
|---|---|---|---|
| gelten | gilt | galt | gegolten |

Übung B

Name________________________ Datum____________

A Give the infinitive for each of the following verbs. Indicate reflexive usage by giving **sich** with the infinitive.

1 lasse (8) sich einlassen
2 gilt (14) gelten
3 befinde (21) sich befinden
4 lauere (39) auflauern
5 veranlaßt (57) veranlassen [§19.1]
6 ginge (65) gehen
7 begeben (73) sich begeben
8 drischt (75) dreschen
9 verloren (77) verlieren

B Read §9.5. Some of the verbs in the following list have separable components, some do not. Indicate where the stress falls by underlining the stressed syllable.

1 vornehmen (3)
2 durchwandere (4)
3 zudrücke (26)
4 vermute (38)
5 stehenbleibt (52)
6 wachzurufen (57)

The prefixes **be-** and **ver-** are often used to make verbs out of nouns or adjectives. These derivative verbs retain the stress of the root word. Examples:

Einfluß / beeinflussen einfach / vereinfachen

Mark the stress in the following derivatives of nouns:

1 beobachte (16) (Obacht)
2 beunruhigt (56) (Unruhe)
3 veranlaßt (57) (Anlaß)

C Note the following construction which recurs in the story:

**hätte ... + infinitive + sollen.**

Vielleicht hätte ich einen anderen Beruf erwählen sollen. (20)
*Perhaps I should have chosen another line of work.*
Vielleicht hätte ich Pluto anmelden sollen. (60)
Vielleicht hätte ich einen anderen Beruf ergreifen sollen. (61)

A related construction also occurs:

**sollte ... + infinitive.**

Vielleicht sollte ich vorsichtiger sein.
*Perhaps I should be more careful.*

Practice using these constructions by making new sentences, using vocabulary provided by the story.

1 Manchmal siegt die Liebe.
Perhaps love should triumph.

Vielleicht sollte die Liebe siegen.

Perhaps love should have triumphed.

Vielleicht hätte die Liebe siegen sollen.

2 Ich lasse mich nicht mit ihnen in ein Gespräch ein.
Perhaps I shouldn't get involved in a conversation with them.

Vielleicht sollte ich mich nicht mit ihnen in ein Gespräch einlassen.

Perhaps I shouldn't have gotten involved in a conversation with them.

Vielleicht hätte ich mich nicht mit ihnen in ein Gespräch einlassen sollen.

3 Nur muß ich in Zukunft einen anderen Weg bei unseren Spaziergängen wählen.
Perhaps I should choose another path in future.

Vielleicht sollte ich in Zukunft einen anderen Weg wählen.

Perhaps I should have chosen another path.

Vielleicht hätte ich einen anderen Weg wählen sollen.

4 In leichtem Plauderton hat meine Frau dem Chef berichtet, daß wir das Tier schon drei Jahre besitzen.
My wife shouldn't tell the boss that we've already had the beast for three years.

Meine Frau sollte dem Chef nicht berichten, daß wir das Tier schon drei Jahre besitzen.

My wife shouldn't have told the boss that. (Das hätte...)

Das hätte meine Frau dem Chef nicht berichten sollen.

D In the three poems by Heine, recognition of the antecedent of each pronoun is essential to understanding. Notice, however, that Heine departs from the noun's grammatical gender in the case of "das Mädchen: die, sie, ihr," etc. This is common practice with the two neuter nouns "Mädchen, Fräulein."

Give the antecedent of each of the following pronouns and pronoun-like phrases.

1 einen anderen (2) Jüngling

2 dieser (4) eine andere

3 sie (10) Geschichte

4 ihn (16) Fichtenbaum

5 er (26) Mond

6 sie (26) Lotosblume

7 ihm (27) Mond

8 sie (27) Lotosblume

Übung B

Name ______________________ Datum ____________

A Two of the three main usages of **werden** — as an independent verb (I), in a future verb phrase (F), or in a passive verb phrase (P) — are represented in your current passage. Look at each occurrence listed below and indicate which usage (I, F, P) it represents. [§10]

1 Wird (6) ___P____
2 werden (7) ___I____
3 wird (11) ___P____
4 wird[1] (13) ___P____
5 wird[2] (13) ___I____
6 werden (15) ___P____
7 wurde (43) ___P____
8 wurde (87) ___P____
9 wird (104) ___P____
10 werden (122) ___P____

B There are several alternative ways to express a passive meaning. [§7.5 and page 79, Einführung] Rewrite the sentences below according to the pattern given:

1 lassen + sich + infinitive:

a Wärmeenergie und mechanische Energie können ineinander umgewandelt werden.

Wärmeenergie und mechanische Energie lassen sich ineinander umwandeln.

b Nur die einzelnen Arten der Energie können ineinander umgeformt werden.

Nur die einzelnen Arten der Energie lassen sich ineinander umformen.

c Energie kann nicht aus dem Nichts gewonnen werden.

Energie läßt sich nicht aus dem Nichts gewinnen.

d Aus der Temperaturerhöhung und der Wassermenge kann die Wärmemenge ermittelt werden.

Aus der Temperaturerhöhung und der Wassermenge läßt sich die Wärmemenge ermitteln.

2 man + inflected verb + object [Summary, page 40, Einführung]

a In einem Kalorimeter wird ein mechanisches Rührwerk in Umdrehung versetzt.

In einem Kalorimeter versetzt man ein mechanisches Rührwerk in Umdrehung.

b Dabei wurde auch ein genauer Zahlenwert für das Umrechnungsverhältnis ermittelt.

Dabei ermittelt man auch einen genauen Zahlenwert für das Umrechnungsverhältnis.

c Die Wärmeenergie wird durch Umformen aus anderen Energiearten gewonnen.

Die Wärmeenergie gewinnt man durch Umformen aus anderen Energiearten.

d Diese Verallgemeinerung wird Energieprinzip genannt.

Diese Verallgemeinerung nennt man Energieprinzip.

e In Unkenntnis dieses Gesetzes wurde immer wieder versucht, ein perpetuum mobile zu entwickeln.

In Unkenntnis dieses Gesetzes versuchte man immer wieder, ein perpetuum mobile zu entwickeln.

C Answer the question in the footnotes:

der: definite article, emphatic pronoun, or relative pronoun? (line 103)

relative pronoun

Übung B

Name ______________________ Datum ____________

A Each of the following forms of der, die, das occurs immediately following a comma. A few are definite articles, most are relative pronouns. Look at each one in context. If it is a definite article, write the noun it modifies in the blank provided; if it is a relative pronoun, write its antecedent.

| | | | |
|---|---|---|---|
| 1 die (1) | Emigranten | 9 die (32) | Kontrolleure |
| 2 die (5) | Schweiz | 10 die (51) | Deutsche |
| 3 die (14) | Künstler, Universitätsprofessoren, Politiker | 11 den (66) | Exilverlag(s) |
| 4 die (16) | diejenigen | 12 das (77) | Ausmaß |
| 5 die (20) | die | 13 der (80) | Physiker |
| 6 der (24) | Brief | 14 die (85) | Nobelpreisträger(n) |
| 7 die (26) | Deutschen | 15 die (88) | Universitätsprofessoren |
| 8 den (28) | Preis | 16 die (91) | Auslandsorganisation der NSDAP |

B Select three of the relative clauses in the passage and rewrite them as independent sentences,
a) using the personal pronoun which corresponds to the relative pronoun; and
b) using the antecedent of the relative pronoun in your new sentence; be sure that you change the case of the antecedent if necessary to fit the use in the independent sentence. [§13.2]

(A number of possible choices, with antecedents, are given below.)

1 die (1)

a) Sie hatten sich in Wien oder Prag in Sicherheit gewähnt.

b) Viele Emigranten hatten sich in Wien oder Prag in Sicherheit gewähnt.

2 die (14) Künstler, Universitätsprofessoren und Politiker wußten im Ausland das Bild eines anderen, besseren Deutschland zu bewahren.

a)

der (24) Der Brief ist ein Dokument national Würde und menschlicher Größe im Unglück.

b)

die (26) Die Deutschen hatten bis dahin einen großen Teil der Nobelpreisträger gestellt.

3

a) die (30) Viele Künstler waren im Lande geblieben.

b) die (32) Kontrolleure hatten festzustellen, daß dort nicht gearbeitet wurde.

die (51) Viele Deutsche durchschauten das alles und warteten auf den Tag der Freiheit.

4

a) dem (62) Mit Klaus Mann zusammen gab er (Fritz Helmut Landshoff) die erste und wohl wichtigste literarische

b) Zeitschrift der Emigration, ‚Die Sammlung', heraus.

C Look at each of the following forms of **werden** and indicate whether it is used as an independent verb (I), in a future verb phrase (F), or in a passive verb phrase (P).

1 worden (17) P

2 wurde (33) P

3 wurde (40) P

4 werden (42) F

5 werden (49) P

6 wurde (61) P

7 wurde (64) P

8 wurde (67) P

9 worden (93) P

D The verb **sein** may be used either independently or in a perfect verb phrase. [§7.4.2] Indicate for each of the following occurrences of **war/waren** whether is is used independently (I) or in a past perfect verb phrase (P.Perf.)

1 waren (8) I

2 waren (17) P. Perf.

3 waren (31) P. Perf.

4 war (93) P. Perf.

E Translate the following phrases into English:

1 ‚ausgebürgert' worden waren (17)

had been "denaturalized," deprived of citizenship

2 getrennt wurde (40)

was separated

3 wurde von Klaus Mann beraten (61)

was advised by Klaus Mann

4 geschaffen worden war (93)

had been created

Übung B

Name ________________________ Datum ____________

A Give the antecedent of each of the following pronouns.

1 ihm (5) Mendel
2 dem (16) Mendel
3 die (24) Erbgesetze
4 Sie (34) (die) Forscher
5 dessen (49) Untersuchungsmerkmal
6 Er (66) Phänotypus
7 die (85) Erbanlage
8 es (86) Gelb

B Read §16, noting especially the pattern in §16.1.2. Nouns with the suffix -ung always have the joining element -s- when they are linked to a following noun. Find at least six examples of this pattern in your reading passage. (Eight below)

1 Betrachtungsweise (3)
2 Kreuzungsversuch (20)
Kreuzungsexperiment (24)
3 Vererbungsforschung (30
4 Fortpflanzungszelle (35)
5 Kreuzungspartner (38)
Untersuchungsmerkmal (49)
6 Erscheinungsbild (56)

C Make new compounds from the lists below, with the meaning given, joining one of the nouns from the left-hand column to one of the nouns from the right. [§16.2]

| | |
|---|---|
| die Forschung | das Ergebnis |
| die Untersuchung | die Methode |
| die Vererbung | das Gesetz |
| die Befruchtung | die Zeit |
| die Kreuzung | der Begriff |

1 the fertilization concept (the concept of fertilization)

der Befruchtungsbegriff

2 the investigative method die Untersuchungsmethode

3 a law of heredity ein Vererbungsgesetz

4 the time of fertilization die Befruchtungszeit

5 the result of hybridization das Kreuzungsergebnis

6 the research results die Forschungsergebnisse

D The reader of German has to be aware of the separable components of compound verbs [§9.5.1 and page 53 of the Einführung]. In the following sentences, some of the verbs are simple, others are compound. Underline the inflected verb in each sentence, and if there is a separated component, underline it as well.

1 Mendel ging bei seinen Versuchen von einzelnen Merkmalen aus.

2 Auf Grund seiner Beobachtungen stellte er drei Erbgesetze auf.

3 Er führte seine ersten Versuche mit Erbsen durch.

4 Nach der Kreuzung eines weißblühenden Garten-Löwenmauls mit einer rotblühenden Form treten in der $F_1$-Generation einheitlich rosa Blüten auf.

5 Der Phänotypus der $F_1$ steht zwischen den Phänotypen der P-Generation.

6 Er nimmt auf Grund des mischerbigen Genotypus eine Mittelstellung zwischen den Elternformen ein.

7 Jeder Elternteil steuert bei der Befruchtung bei.

8 In diesem Falle spricht man von einer intermediären Vererbung.

9 Bei der Kreuzung einer gelbsamigen Erbse mit einer grünsamigen bildet die $F_1$-Generation einheitlich gelbe Samen aus.

10 Aus diesen Tatsachen leitet sich das 1. Mendelsche Gesetz, das Uniformitäts- oder Gleichförmigkeitsgesetz, ab.

Übung B

Name ______________________________________ Datum _____________

A Study the series of sentences from your reading which illustrate modal auxiliaries and some of their usages, then translate the sentences below into German.

Example sentences:

1 Ich hätte morgens eine Stunde früher aufstehen müssen. (34)
*I would have had to get up an hour earlier in the morning.*

2 So könntest du mit unseren Kindern nicht sprechen. (43)
*You wouldn't be able to speak that way with our children.*

3 Eine Antwort konnte ich ihr nicht geben. (46)
*I couldn't give her an answer.*

4 Er hätte doch untertauchen können. (60)
*He could, after all, have gone underground.*

5 Sie konnte ihre Aussage verweigern. (90)
*She could refuse to testify.*

6 Frauen sollen dabei gewesen sein. (49)
*Women are alleged to have been there.*

7 Das soll die Erfindung meines Nachbarn gewesen sein. (52)
*That is alleged to have been my neighbor's invention.*

8 Wir sollten sie besuchen. (67)
*We should visit them.*

9 Soll sie hingehen und ihren Mann anzeigen? (79)
*Is she supposed to go there (to the police) and turn in her husband?*

10 Was sollte ich denn tun? (93)
*What in the world was I supposed to do?*

Sentences to translate into German:

1 I wouldn't be able to give her an answer.

___Eine Antwort konnte ich ihr nicht geben.___

2 I couldn't have given her an answer.

___Eine Antwort hätte ich ihr nicht geben können.___

3 She could have refused to testify.

___Sie hätte ihre Aussage verweigern können.___

4 We are alleged to have visited them. [§7.4.1]

___Wir sollen sie besucht haben.___

5 She is alleged to have turned in her husband.

___Sie soll ihren Mann angezeigt haben.___

6 She should have turned in her neighbor. [Unit 3, Übung B]

Sie hätte ihren Nachbarn anzeigen sollen.

7 She is alleged to have refused to testify.

Sie soll ihre Aussage verweigert haben.

8 She should have refused to testify.

Sie hätte ihre Aussage verweigern sollen.

9 I had to get up an hour earlier in the morning.

Ich mußte morgens eine Stunde früher aufstehen.

10 I would have to get up an hour earlier in the morning.

Ich müßte morgens eine Stunde früher aufstehen.

B Answer the questions from the footnotes:

1 wurde (9): §10.1, 2, or 3? §10.3 (passive)

2 Is seitdem (29) an adverb or a subordinating conjunction? adverb What is the grammatical signal? Verb not at end.

3 Which usage is damit (32)? subordinating conjunction

4 Which usage is seit (68)? subordinating conjunction

5 Which usage is werden (72)? §10.3 (passive)

Übung B

Name ______________________________ Datum __________

A The following sentences have extended adjective or participial constructions. Underline the construction in each sentence, including the modifier and the noun; then rewrite it as a noun + relative clause. [§14.1 and page 92 of the Einführung]

1 Gerade die an Spektren weitergeführten Untersuchungen zeigten aber, daß bei einem bestimmten Übergang des Elektrons von einer Bahn auf eine niedrigere (Quantensprung) nicht nur eine Linie, sondern zwei oder mehrere dicht gelagerte Spektrallinien feststellbar waren.

die Untersuchungen, die an Spektren weitergeführt wurden,

2 Zur Erklärung des Periodensystems war die Angabe der auf einer Schale möglichen Elektronen von großer Bedeutung.

der Elektronen, die auf einer Schale möglich sind,

3 Deshalb bleiben auch alle mit diesem Modell gegebenen „Erklärungen" fraglich.

alle „Erklärungen", die mit diesem Modell gegeben sind,

B Prepositions can be translated in a great variety of ways, depending on context. Translate the underlined prepositional phrases into English.

1 Bohr entwickelte auf Grund von drei Hypothesen ein Atommodell.

*on the basis*

2 Die Elektronen bewegen sich auf ihren Bahnen ohne Strahlung.

in their orbits

3 Wenn ein Elektron von einer äußeren auf eine innere übergeht, übergeht, wird Licht emittiert. into an inner (one)

4 Umgekehrt wird durch die Absorption eines Lichtquants das Elektron von einer inneren auf eine äußere Bahn gehoben. [§10.3.2] by the absorption

5 Die Zahl ... ist nach Sommerfeld die Nebenquantenzahl. [§18.6.2] according to Sommerfeld

6 Bei diesem Modell ist nicht die räumliche Lage der einzelnen Bahnen berücksichtigt. In this model

7 Ihre räumliche Orientierung wird durch die magnetische Quantenzahl gekennzeichnet. by the magnetic quantum number

8 ... so ergibt sich die Reihe nach Abb. 4.

according to Diagram 4

9 Nach seiner Stellung im Periodensystem hat das Natriumatom ein Elektron. According to its position

10 Born verwertete diese Ergebnisse bei der Entwicklung des quantenmechanischen Atommodells. with the development

C Answer the questions in the footnotes:

1 Modellbilder (38): What case? accusative

2 ihr (40): Antecedent? L-Schale

3 wurden (76): §10.1, §10.2, or §10.3? §10.1

4 erfahren (77): Subject of this verb? Begriff

Übung B

Name ______________________ Datum ____________

A The following sentences are in the past. Rewrite them in the perfect. [§7.4.1, §7.4.2]

1 Die Nazis brachten viele Wissenschaftler und Künstler um.

Die Nazis haben viele Wissenschaftler und Künstler umgebracht.

2 Ein heimlicher Kampf spielte sich hinter den Kulissen ab.

Ein heimlicher Kampf hat sich hinter den Kulissen abgespielt.

3 Schriftsteller entwickelten darin geradezu eine Kunstfertigkeit.

Schriftsteller haben darin geradezu eine Kunstfertigkeit entwickelt.

4 Die Todesurteile stiegen bis 1945 auf etwa 12 500 an.

Die Todesurteile sind bis 1945 auf etwa 12 500 angestiegen.

5 Hunderttausende kamen wahrscheinlich um.

Hunderttausende sind wahrscheinlich umgekommen.

6 Die Opposition gegen das NS-Regime ging quer durch alle Weltanschauungen.

Die Opposition gegen das NS-Regime ist quer durch alle Weltanschauungen gegangen.

B The following sentences are in the passive. Rewrite them in the active, using man + inflected verb if no agent is expressed. [§10.3 and pp. 39-40, Einführung]

1 Auf dem Gebiet der Kultur darf innerer Widerstand und Emigration zusammen betrachtet werden.

Auf dem Gebiet der Kultur darf man inneren Widerstand und Emigration zusammen betrachten.

2 Die Opfer der Standgerichte werden von Sachkennern für die vier Monate des Jahres 1945 auf 7000-8000 geschätzt.

Sachkenner schätzen die Opfer der Standgerichte für die vier Monate des Jahres 1945 auf 7000-8000.

3 Bis zum Kriegsausbruch wurden rund eine Million Menschen wegen ihrer oppositionellen Haltung von der Gestapo verhaftet.

Bis zum Kriegsausbruch verhaftete die Gestapo rund eine Million Menschen wegen ihrer oppositionellen Haltung.

4 Von 1933 bis 1944 sind insgesamt 11 881 Todesurteile durch die Justizbehörden vollstreckt worden.

Von 1933 bis 1944 haben die Justizbehörden insgesamt 11 881 Todesurteile vollstreckt.

C Answer the questions in the footnotes:

1 Leser, die (21): Is die a definite article or a relative pronoun?

relative pronoun

2 Gegner (21): Singular or plural? plural

3 Hingerichteten (36): What two functions does this word have? (See Unit 4, line 13.)

a) noun closing extended participle construction

b) participle modified by prepositional phrase

4 sie (67): Antecedent? Nachrichten

Übung B

Name ________________ Datum ________

A 1 With what conjunction could the author have begun each of the following sentences and still have retained the same meaning? [§11.4] wenn

a Kreuzt man die rosablähenden Pflanzen der $F_1$-Generation des Garten-Löwenmauls untereinander oder findet eine Selbstbefruchtung statt, so treten in der $F_2$-Generation drei verschiedene Blütenfarben auf.

b Werden Organismen der $F_1$-Generation miteinander gepaart, so ist die $F_2$-Generation in dem betreffenden Merkmal nicht einheitlich, sondern spaltet nach bestimmten Zahlenverhältnissen auf.

2 Rewrite the first clause of each of the above sentences, beginning with the conjunction.

a Wenn man die rosablühenden Pflanzen der $F_1$-Generation des Garten-Löwenmauls untereinander kreuzt oder (wenn) eine Selbstbefruchtung stattfindet,...

b Wenn Organismen der $F_1$-Generation miteinander gepaart werden,...

B The following sentences have extended adjective or participle constructions. Underline the construction in each sentence, including the modifier and the noun; then rewrite it as a noun + relative clause. [§14.1 and page 92 of the Einführung]

1 Eine auf diese Art und Weise gewonnene Gesetzmäßigkeit nennt man ein statistisches Gesetz.

Eine Gesetzmäßigkeit, die auf diese Art und Weise gewonnen wird,

2 Aus der $F_2$-Generation ist zu ersehen, daß keine Neukombination möglich ist, es treten nur die bei den Eltern schon vorhandenen Eigenschaften wieder in Erscheinung.

die Eigenschaften, die bei den Eltern schon vorhanden sind,

C The following sentences all have passive meaning. Read §7.5, including all five subsections. Then underline the passive expressions and identify the subsection of §7.5 under which each can be classified; finally, translate the expression into English.

4 1 Kreuzt man die rosablühenden Pflanzen ... untereinander,

*are crossed* *(Why is the German verb singular, the English plural?)*

2 2 Dieses läßt sich erst durch größere Versuchsreihen belegen. can be verified

1 3 Werden Organismen der $F_1$-Generation miteinander gepaart,...

are crossed

1 4 Auch bei intermediärem Erbgang werden in der Regel nur kleine Buchstaben benutzt. are used

4 5 In reinerbigen Ausgangsformen schreibt man die Erbformel für diese Merkmale mit zwei gleichen Buchstaben.

is written

3 6 Aus der $F_2$-Generation ist zu ersehen, daß ...

can be observed

1 7 Die $F_1$-Generation bildet vier verschiedene Gameten aus, die bei Kreuzungen von $F_1$-Partnern miteinander kombiniert werden können. can be combined

5 8 Aus diesen Vererbungsvorgängen leitet sich das 3. Mendelsche Gesetz ab. is derived

5 9 Nach der Kreuzung von Individuen, die sich in mehr als einem Merkmal voneinander unterscheiden, treten in der $F_2$-Generation Neukombinationen auf.

are distinguished (differentiated)

1 10 Jedes Merkmal wird dabei nach dem Spaltungsgesetz vererbt, und die Merkmale werden unabhängig voneinander auf die Nachkommen verteilt.

a is handed down b are distributed

D Answer the questions in the footnotes:

1 What noun has to be supplied after rezessiven (56)?

Merkmale

2 What noun has to be supplied after kleine (56)?

Buchstaben

3 bei denen ... (73): What is the subject of this clause?

Eltern

Übung B

Name ________________ Datum ________

A Give the infinitives of the following verbs. Watch for separable components of compound verbs. [§9.5.1]

1 baten (3) bitten
2 wies (5) weisen
3 schob (9) sich hineinschieben
4 trug (18) tragen
5 sahen (19) aussehen
6 benahm (27) sich benehmen
7 mag (44) mögen
8 brachte (47) bringen
9 gezogen (53) ziehen
10 hielt (54) halten
11 gestochen (61) stechen
12 hielt (68) innehalten
13 verdorben (77) verderben
14 wußte (83) wissen
15 fällt (90) einfallen
16 hakte (94) einhaken
17 gegessen (100) essen
18 tat (102) tun
19 befahl (103) befehlen
20 aßen (116) essen
21 aufgefallen (162) auffallen
22 gewonnen (176) gewinnen
23 unterbrach (176) unterbrechen
24 schnitt (178) abschneiden
25 strich (198) einstreichen

B The following sentence has an extended participial construction. Underline the construction, including the modifier and the noun; then rewrite it as a noun + relative clause. [§14.1]

... drum sagte der Mann zu dem jetzt schärfer widersprechenden Geschäftsführer: „Dieser Herr hier", und mit einer zugleich um Entschuldigung und um Hilfe bittenden Geste deutete er auf mich, „dieser Herr hier hat sicherlich gesehen, daß wir beim ersten Löffel schon gemerkt haben... (149)

einer Geste, die zugleich um Entschuldigung und um Hilfe bat,

C Read §13.1, including all three subsections. Then identify each of the forms as to whether it is a relative pronoun (rel.), an emphatic pronoun (emph.), or a definite article (def.).

1 dem (1) def.
2 die (16) rel.
3 die (19) rel.
4 die (33) def.
5 der (36) rel.
6 dem (46) rel.
7 der (49) def.
8 die (50) emph.
9 die (123) emph.

D In each of the sentences below there is at least one relative clause, and the relative pronoun introducing it has been underlined. Rewrite each of these clauses as an independent sentence, using the antecedent of the relative pronoun in your new sentence. [§13.2]

1 Manche Leute freuen sich die ganze Woche lang auf den einen Tag, an dem es Metzelsuppe gibt.

An einem Tag gibt es Metzelsuppe.

2 Sie hielt den Löffel noch vor dem Kinn wie jemand, der eine grausliche Medizin hinunterschlucken muß.

Jemand muß eine grausliche Medizin hinunterschlucken.

3 Ihr Gesicht, das ausgesehen hatte wie ein Gummitier, das lange Zeit aufgepumpt war und dem man dann einen Teil der Luft abgelassen hat, ...

a Ihr Gesicht hatte wie ein Gummitier ausgesehen

b Das Gummitier war lange Zeit aufgepumpt.

c Man hat dann dem Gummitier einen Teil der Luft abgelassen.

4 Dann kam der Geschäftsführer, ein großer, stattlicher Mann, so gegen die sechzig, der das eine Bein beim Gehen nachzog.

Der Geschäftsführer zog das eine Bein beim Gehen nach.

E Is the underlined vowel in each of the following words long or short? [§19.1]

1 Bissen short
2 großen long
3 müssen short
4 größer long
5 abgelassen short
6 saßen long
7 gegessen short
8 aßen long

Übung B

Name _________________________ Datum ____________

A In each of the following sentences underline the subject (nominative case) of the main clause once, the inflected verb of the main clause twice.

1 Dabei steigt aus dem Gefäß die Flüssigkeit nur bis zu einer bestimmten Höhe, etwa bis zu 76 cm. (2)

2 Neigen wir das Rohr, so gelangt Quecksilber über den Hahn, da der Höhenunterschied *h* gleich bleibt. (4)

3 Wenn wir dann den Hahn schließen und die Röhre wieder senkrecht stellen, löst sich am Hahn der Quecksilberfaden. (6)

4 Wie der folgende Versuch zeigt, wird diese Säule vom Luftdruck im Vorratsgefäß hochgedruckt und nicht etwa vom Vakuum hochgesogen. (10)

5 Abends erstrahlen über den Geschäften die Reklamen in bunter Leuchtschrift. (24)

6 Sobald der Innendruck auf etwa 10 Torr gefallen ist, bildet sich ein violetter Funkenstrahl, der lautlos von einer Elektrode zur anderen zieht. (40)

7 Gleichzeitig pendelt der Zeiger des Meßgeräts aus der Ruhelage. (43)

8 Durch die Röhre fließt jetzt Strom. (44)

9 Nicht nur in Flüssigkeiten finden wir positive und negative Ionen, sondern auch in Gasen, z. B. in der Luft. (71)

10 Dabei werden sie nicht nur abgelenkt, sondern auch gebremst. (78)

B Give the antecedent of each of the following pronouns.

1 ihm (8) Quecksilberfaden
2 Er (9) Raum
3 ihn (15) Luftdruck
4 sie (30) Röhren
5 sie (50) Gassäule
6 das (54) Licht
7 die (73) Gasionen
8 sie (78) Ionen
9 der (81) Geschwindigkeit
10 sie (81) Ionen
11 es (87) Elektron
12 sie (106) einige (Elektronen)
13 es (111) Ion

C All the following sentences are conditional. Some have "conditional inversion" [§11.4], some have the subordinating conjunction **wenn**. Rewrite all the sentences, using the alternate form, that is, conditional inversion → **wenn**, and **wenn** → conditional inversion.

1 Neigen wir das Rohr, so gelangt Quecksilber über den Hahn.

Wenn wir das Rohr neigen, so gelangt Quecksilber über den Hahn.

2 Wenn wir den Luftdruck bei A mit einer Glasspritze erhöhen, steigt die Quecksilbersäule.

Erhöhen wir den Luftdruck bei A mit einer Glasspritze, steigt die Quecksilbersäule.

3 Nimmt man mit einer guten Pumpe die Luft im Vorratsgefäß weg, so sinkt die Höhe *h* des Quecksilbers in der Röhre auf Null.

Wenn man mit einer guten Pumpe die Luft im Vorratsgefäß wegnimmt, so sinkt die Höhe *h* des Quecksilbers in der Röhre auf Null.

4 Wenn dem Helium etwas Quecksilber beigemischt wird, das schnell verdampft, wird das Leuchten blau.

Wird dem Helium etwas Quecksilber beigemischt, das schnell verdampft, (so) wird das Leuchten blau.

5 Ist das Glasrohr selbst gefärbt oder mit Leuchtstoff versehen, so verändert sich die Farbe des Leuchtens entsprechend.

Wenn das Glasrohr selbst gefärbt oder mit Leuchtstoff versehen ist, so verändert sich die Farbe des Leuchtens entsprechend.

D Look at each occurrence of werden listed below and indicate which usage it represents: independent verb (I), in a future verb phrase (F), or in a passive verb phrase (P). [§10]

1 wird (11) P

2 wird (30) P

3 wird (33) P

4 wird (46) I

5 werden (51) I

6 wird (53) I

7 wird (88) P

8 wird (91) P

9 wird[1] (99) P

10 wird[2] (99) I

Übung B

Name ____________________ Datum ____________

A 1) Underline all genitive noun phrases (including modifiers) in the following sentences. (Some sentences have more than one genitive phrase.)
2) Translate each of the genitive phrases into English, including the noun or the preposition on which it depends.

1 Mit 20 Jahren, wenn der Schweizer männlichen Geschlechtes handlungs- und wehrfähig wird, erlangt er auch das Stimm- und Wahlrecht. (1) *the Swiss male (literally: of male sex)*

2 Doch ist auch heute noch das jüngste Mitglied des Nationalrates anläßlich seiner Wahl wenig mehr als 30 Jahre alt gewesen, und der Durchschnitt, besonders in den Gerichten, liegt unter dem Englands und Amerikas. (11)

member of the lower house of the legislative body / on the occasion of his election / that of England and America

3 Nicht stimm- und wahlberechtigt sind ... die Personen, denen der Wohnkanton aus besonderen Gründen das Recht aberkannt hat: wegen eines Vergehens, wegen selbstverschuldeten Vermögensverfalles, ... (18)

because of a violation of the law / because of bankruptcy brought about by oneself (or through one's own fault)

4 Manche, insbesondere ein großer Teil der italienischen Gastarbeiter, fahren dagegen nach Hause, ... (28)

part of the Italian foreign workers

5 Die Kantone sind die politischen Versuchsfelder der Eidgenossenschaft. (50)

proving grounds of (the federal government of) Switzerland.

6 So kommt es, daß in diesen drei Kantonen die Frauen auch an den Ständeratswahlen teilnehmen, obwohl der Ständerat eine eidgenössische Behörde und nur die Regelung des Wahlverfahrens Sache der Kantone ist. (55) control of the voting process

B Notice that "von + unmodified noun" functions like a genitive phrase. Example:

in der Stellung von Gastarbeitern (27)

There is another occurrence of this construction in your current reading, in the paragraph starting at line 62. Find it and write it on the line following:

die Wahl von Frauen (66)

C In the "noun + genitive" construction, the second noun is always modified:

die Freiheit der Stimmabgabe (97)
eine Reihe berühmter Dichterinnen (81)

When the second noun is not modified, the pattern "noun + von + dative" is used, as in the example in Exercise B above. (Remember that the dative plural always has the ending -n).

Using words from the following lists, translate the phrases below into German, using the appropriate pattern.

| | | |
|---|---|---|
| das Alter | amerikanisch | der Ausländer - |
| die Erfüllung | berühmt | der Journalist -en |
| die Freiheit | gut | der Mann/Männer |
| die Reihe | jung | die Pflicht -en |
| die Stellung | staatsbürgerlich | der Richter - |
| das Stimmrecht | zahlreich | der Schweizer - |

1 a series of judges eine Reihe von Richtern

2 a series of famous judges eine Reihe berühmter Richter

3 a series of good judges eine Reihe guter Richter

4 the performance of duties die Erfüllung von Pflichten

5 the performance of civic duties

die Erfüllung staatsbürgerlicher Pflichten

6 the position of foreigners die Stellung von Ausländern

7 the position of many foreigners

die Stellung vieler Ausländer

8 the right to vote of the Swiss

das Stimmrecht der Schweizer

9 the right to vote of young men

das Stimmrecht junger Männer

10 the freedom of journalists die Freiheit von Journalisten

Übung B

Name ______________________________________ Datum ___________

A Give the antecedent of each of the following pronouns.

1 deren (10) __Europäer______ 4 Er (36) __Milchzucker________

2 sie (14) ______Milch________ 5 er (39) _Milchzuckergehalt___

3 dem (24) __Chauvinismus___ 6 sie (61) __Koppelung_________

B Give the infinitive of each of the following verb forms. Watch for separable components of compound verbs.

1 faßte (18) [§19.1] ______zusammenfassen____________________

2 schreibt (24) ____________zuschreiben____________________

3 wirft (26) _______________aufwerfen______________________

4 macht (36) _______________ausmachen______________________

5 nimmt (48) _______________abnehmen_______________________

6 hält (73) ________________festhalten_____________________

7 zeichnete (90) ____________sich abzeichnen________________

8 Traten (123) ______________auftreten______________________

C In each of the following sentences underline the subject (nominative case) of the main clause once, the inflected verb of the main clause twice.

1 Doch solche Urteile über Milch stimmen nur bedingt.

2 Wertvoll als Nahrungsmittel über das Kleinkindalter hinaus ist Milch vorzugsweise für Europäer und deren Abkömmlinge in Übersee.

3 Für die Mehrzahl aller Menschen jedoch, für die meisten Asiaten, Orientalen, Afrikaner und Indianer, sind größere Mengen Milch von zweifelhaftem Nutzen.

4 Vielen bekommt sie nicht.

5 Die Schlüsselrolle in der Milchstory spielt der Milchzucker.

6 Versucht man, sie mit Kuhmilch großzuziehen, werden sie krank.

7 Im Alter von eineinhalb bis drei Jahren, wenn die Kinder in der Regel abgestillt worden sind, schwindet die Bekömmlichkeit des Milchzuckers schnell.

8 Schuld daran ist der früh einsetzende Mangel an einem Enzym, das dazu bestimmt ist, Milchzuckermoleküle zu spalten und sie dadurch verdaulich zu machen.

9 Ein Teil davon gelangt unverändert ins Blut und wird, da der Körper nichts damit anfangen kann, mit dem Urin ausgeschieden.

10 Einmal hält der Milchzucker auf Grund einer osmotischen Reaktion Wasser fest und verhindert somit die normale Eindickung des Darminhalts.

D Prepositions can be confusing because they have a variety of translations, depending on their context. The preposition "über," for example, often means "over, above;" but in connection with the verb "sprechen," or "berichten," it is translated "about." When translating prepositions, then, you must be particularly careful to notice how the rest of the sentence reads. Following are some expressions taken from your text, with line numbers marking their locations. Look at each phrase in its context, then translate it.

1 Urteile über Milch (8) *opinions about milk*

2 über das Kleinkindalter hinaus (9) beyond the toddler age

3 neben Fett und Eiweiß (37) besides fat and protein

4 der Mangel an einem Enzym (53) the lack of an enzyme

5 vor zwei Jahren (90) two years ago

6 unter weißen Amerikanern (95) among white Americans

7 leiden ... unter Laktose-Intoleranz (101)

suffer from lactose intolerance

8 unter allen Säugern (108) among all mammals

9 Nach der einen ... (113) according to the one (theory)

10 nach dem Abstillen (113) after weaning

11 von der Natur vorgesehen (117) provided by nature

12 zur Produktion der Laktase (118) for the production of lactase

13 neben den üblichen Nahrungsmitteln (126)

in addition to the usual foodstuffs

Übung B

Name ______________________________________ Datum ____________

A In each of the following sentences underline the subject (nominative case) of the main clause once, the inflected verb of the main clause twice.

1 In ihr kann sich daher eine unmittelbare Verschmelzung mit dem lyrischen Ich vollziehen.
2 In der Epik berichtet der Erzähler von einem andern, einem Er.
3 Zwischen diesem Dritten und dem Leser oder Hörer besteht ein Abstand, der überbrückt wird, indem sich der Leser in den andern hineinversetzt.
4 Trotzdem vermag sie jeder als die seinige zu erleben. (28)
5 In der Redegestaltung stehen Lyrik und Dramatik dem natürlichen menschlichen Sprechen und Denken am nächsten.
6 Am weitesten entfernt sich die Epik von der empirischen Realität.
7 Schon die Form des mittelbaren Berichtes schafft Abstand.
8 Zudem hat die Erzählung ihre eigenen Mittel für die Wiedergabe menschlichen Sprechens und Denkens erfunden.
9 Gegenstand des epischen Werkes sind die Schicksale und Abenteuer des Helden.
10 In sichtbaren und hörbaren Handlungen und Ereignissen werden die Folgen innerer Vorgänge, äußerer Handlungen und Ereignisse sowie ihre Voraussetzungen dargestellt und gemimt.

B Give the antecedent of each of the following pronouns.

1 denen (3) Idealtypen
2 ihr (10) Lyrik
3 sie (28) Welt
4 sie (32) Werkwelt
5 ihm (33) Epiker
6 ihr (37) Welt
7 ihn (43) Bericht
8 diese (59) Realität
9 sie (98) Geschehnisse
10 Es (101) Geschehen

C Rewrite the following relative clauses as independent sentences, using the antecedent of each underlined pronoun in your new sentence. [§13.2]

1 der den Vorgängen gegenüber Stellung nimmt. (20)

Der Zuschauer nimmt den Vorgängen gegenüber Stellung.

2 in deren Zentrum er steht. (27) [§13.2.2]

Der Dichter steht in dem (im) Zentrum seiner Welt.

3 die sich nach ihren eigenen Gesetzen bewegt. (36)

Die Welt bewegt sich nach ihren eigenen Gesetzen.

4 durch welche die Gespräche ... der Menschen wiedergegeben werden. (44)

Die Gespräche und Bewußtseinsinhalte der Menschen werden durch die typischen mittelbaren Redeformen der Sprache wiedergegeben.

5 das zu allen Zeiten wieder lebendige Gegenwart werden kann. (93)

Etwas Einmaliges kann zu allen Zeiten wieder lebendige Gegenwart werden.

D Underline all genitive noun phrases (including modifiers) in the following sentences. Some sentences have more than one.

1 Die Lyrik dagegen entfernt sich trotz der unmittelbaren Form ihres Sprechens doch wieder von der Realität, indem sie diese durch den bedeutungsvollen, zeichenhaften Charakter ihrer Wortung übersteigt. (57)

2 Schon die Form des mittelbaren Berichtes schafft Abstand; zudem hat die Erzählung ihre eigenen Mittel für die Wiedergabe menschlichen Sprechens und Denkens erfunden. (64)

3 Ihrem Erzählcharakter gemäß ist die Epik an keinen der beiden Räume besonders gebunden. (107)

4 Die drei Gattungen unterscheiden sich auch in der Dichte ihrer sprachlichen Substanz. (114)

5 Trotz der auf diesem Gebiet herrschenden Problematik können die allgemeinen Stilzüge der Gattungen richtungweisend sein, wenn eine der vielfältigen konkreten Formen erfaßt werden soll. (128)

Übung B

Name ______________________ Datum ____________

A Look at each occurrence of da in the current passage and indicate whether it is used as (1) a subordinating conjunction or (2) an adverb [§18.2].

1 conj. (16) 3 conj. (64) 5 conj. (96)

2 conj. (21) 4 conj. (87)

Translate the following sentence into English:

Da er (der Schatten) die Form des Kreuzes besitzt, müssen sich die Elektronen wie das Licht geradlinig ausbreiten. (21)

Since it (the image, shadow) has the form of a cross, the electrons must be propagated in a straight line like the light.

B Rewrite each of the following passive sentences as active constructions. If necessary, review pages 39 and 40 of the Einführung.

1 Nun wird die Hochspannung abgeschaltet.

Nun schaltet man die Hochspannung ab.

2 An die Hochspannungsquelle wird die Schattenkreuzröhre angeschlossen.

Man schließt die Schattenkreuzröhre an die Hochspannungsquelle an.

3 Nun wird das Metallkreuz aufgestellt.

Nun stellt man das Metallkreuz auf.

4 Nun wird der Versuch wiederholt.

Nun wiederholt man den Versuch.

5 Die Drahtwendel wird durch den Heizstrom auf Weißglut erhitzt.

Der Heizstrom erhitzt die Drahtwendel auf Weißglut.

6 Die Elektronen werden durch die hohe Spannung zur Anode hin bewegt.

Die hohe Spannung bewegt die Elektronen zur Anode hin.

7 Eine fotografische Platte wird von den Strahlen verändert.

Die Strahlen verändern eine fotografische Platte.

8 Entdeckt wurde diese Strahlung 1895 von dem deutschen Physiker Röntgen.

1895 entdeckte der deutsche Physiker Röntgen diese Strahlung.

C Give the antecedent of each of the following pronouns:

1 er (21) Schatten 3 Deren (46) Röntgenstrahlung 5 Dieser (49) Schirm

2 Ihr (33) Drahtwendel 4 sie (48) Strahlen

D Underline the extended participle construction in each of the following passages; 2) rewrite each one as a noun + relative clause.

1 Wir klappen das Metallkreuz zuerst um und schalten die Hochspannung ein. Die der Kathode gegenüberliegende Seite der Röhre zeigt das bekannte grüne Leuchten.

Die Seite, die der Kathode gegenüberliegt,

2 Da die Röhre gut evakuiert ist, können die aus der Kathode stammenden Elektronen eine hohe Geschwindigkeit erreichen. Treffen sie auf die Glasmoleküle, so senden deren Atome das grüne Leuchten aus.

Die Elektronen, die aus der Kathode stammen,

E Rewrite the following sentence twice: 1) with the noun + relative clause as an extended adjective construction; 2) using the subordinating conjunction wenn. (Use your first sentence as the basis for your second version.)

Treffen die Strahlen auf einen Schirm, der mit Zinksulfid überzogen ist, so leuchtet dieser grünlich auf.

1 Treffen die Strahlen auf einen mit Zinksulfid überzogenen Schirm, so leuchtet dieser grünlich auf.

2 Wenn die Strahlen auf einen mit Zinksulfid überzogenen Schirm treffen, so leuchtet dieser grünlich auf.

Übung B

Name ______________________ Datum ____________

A Rewrite each of the following relative clauses as an independent sentence, using the antecedent of the relative pronoun in your new sentence.

1 die von einem Deutschland des Friedens und der Humanität träumten (6)

Die großen Deutschen träumten von einem Deutschland des Friedens und der Humanität.

2 die in ihrer Mehrheit für den gesellschaftlichen Fortschritt ... eintreten (8)

Die Menschen in der DDR treten in ihrer Mehrheit für den gesellschaftlichen Fortschritt ein.

3 die heute an der Spitze ... der DDR stehen (37)

Aufrechte Männer und Frauen stehen heute an der Spitze der DDR.

4 die im Geiste des Friedens und des Sozialismus herangewachsen ist (80)

Eine neue Generation junger Menschen ist im Geiste des Friedens und des Sozialismus herangewachsen.

B Some infinitives have "zu," others do not, depending on the verb with which they are associated. Examples:

Er muß nach Hause gehen. Ich glaube ihn gut zu kennen.

Each of the following verbs has at least one dependent infinitive. Write the infinitive(s), with or without "zu," in the space(s) provided.

1 können (4) entwickeln

2 sollst (12) lieben, sein

3 sein (12) einzusetzen

4 bedeutet (19)
a) einzutreten
b) zu schützen
c) zu bewahren
d) zu mehren

5 muß (30) handeln

6 kann (30) vorübergehen

7 lassen (58)
a) verleiten
b) zwingen

8 ist (84) anzunehmen

9 genügt (87)
a) zu fühlen
b) zu glauben

10 gehört (96) zu vermitteln

11 lassen (99) vereinigen

12 bedeutet (113) zu helfen

C The translation of prepositions is difficult, because their "meaning" often depends on the noun, adjective, or verb with which they are used. You have had lists of idiomatic usages of prepositions on pages 10 and 16 of the Einführung, and idiomatic usages of prepositions are often footnoted in your text.
Look at each of the following words in its context, then write in the space provided the preposition used with it.

1 träumten (7) von
*(dreamed of, about)*

2 die Verbundenheit (16) mit
*(bond with)*

3 die Liebe (24) zu
*(love for)*

4 der Haß (27) gegen
*(hatred for)*

5 vorübergehen (31) an
*(pass by)*

6 gekämpft (40) für
*(struggled for)*

7 betrogen (48) um
*(cheated of)*

8 sich verleiten lassen (57) durch
*(be led astray by)*

9 die Feindschaft (58) gegen
*(enmity for)*

10 die Klarheit (92) über
*(clarity about)*

11 abhängig (107) von
*(dependent on)*

D In the following chart, you are given the form of the verb as it occurs in the text. You are to fill in the rest of the forms.

| | Infinitive | (Present, 3rd sing.) | Past | Past participle |
|---|---|---|---|---|
| 1 | ziehen (35) | zieht | zog | gezogen |
| 2 | betrügen | betrügt | betrog | betrogen (48) |
| 3 | bringen | bringt | brachten (42) | gebracht |
| 4 | existieren | existiert (66) | existierte | existiert |
| 5 | ausrotten | rottet..aus | rottete..aus | ausgerottet (72) |

E What is the antecedent of "sie" in line 53? Viele ältere Menschen

Übung B

Name ________________ Datum ________

A Divide each of the following compound nouns into its component parts, separating the joining elements; indicate to which category of noun compounds in §16 it belongs.

1 Vollschmarotzer voll/Schmarotzer: §16.1.6

2 Nährstoff nähr(en)/Stoff: §16.1.5

3 Wirtspflanze Wirt/s/Pflanze: §16.1.2

4 Saugwurzel saug(en)/Wurzel §16.1.5

5 Schmetterlingsblütengewächse Schmetterling/s/Blüte/n/Gewächs(e) §16.1.2 + §16.1.3

6 Kletterpflanze kletter(n)/Pflanze §16.1.5

7 Frühblüher früh/Blüher §16.1.6

8 Vegetationsperiode Vegetation/s/Periode §16.1.2

9 Lebensbedingung Leben/s/Bedingung §16.1.2

10 Wurzelsystem Wurzel/System §16.1.1

11 Jugendentwicklung Jugend/Entwicklung §16.1.1

12 Farbensinn Farbe/n/Sinn §16.1.3

13 Entwicklungsstadium Entwicklung/s/Stadium §16.1.2

14 Gesamtgefüge gesamt/Gefüge §16.1.6

15 Nahrungskette Nahrung/s/Kette §16.1.2

B In §9 are various prefixes and suffixes used to indicate the function of a word. Give an English translation and indicate the function of each of the following words.

1 unterscheiden — der Unterschied — unterschiedlich

*differentiate (vb.)* — *difference (noun)* — *different (adj.)*

2 das Blattgrün — blattgrünlos [§9.2.5]

chlorophyll (noun) — without chlorophyll (adj.)

3 gemein — die Gemeinschaft [§9.1.2.4]

common (adj.) — community (noun)

4 die Seite — gegenseitig [§9.2.3]

side (noun) — reciprocal, mutual (adj.

5 der Einfluß — beeinflussen §9.5.2:Note

influence (noun) — influence (verb)

6 bedeuten — die Bedeutung §9.1.2.5

mean (verb) — meaning (noun)

7 der Staub — bestäuben §9.5.2 — der Bestäuber §9.1.3

pollen (noun) — pollinate (verb) — pollinator (noun)

8 ziehen — entziehen

draw, pull (verb) — take away, remove, extract (verb)

9 nehmen — entnehmen

take (verb) — take away from (verb)

C Translate the following paragraph into English (lines 92-99).

Der Bestand vieler Pflanzen in ihren natürlichen Lebensräumen ist ohne geschlechtliche Fortpflanzung (d. h. ohne Blütenbesucher) unmöglich. Fehlten die Bestäuber in der Lebensgemeinschaft, so könnten diese Pflanzen in ihr nicht bestehen. Damit fehlte allen Tieren, die von ihnen unmittelbar oder mittelbar abhängen, die Lebensmöglichkeit.

The existence of many plants in their natural environments (biotopes) is impossible without sexual propagation (that is, without pollinators). If the pollinators were missing in the biotic community, these plants could not exist in it. With that (the loss of the plants) all animals that directly or indirectly depend on them would lack the possibility of living.

Übung B

Name ________________ Datum ________

A The translation of prepositions is difficult, because their "meaning" often depends on the noun, adjective, or verb with which they are used. You have had lists of idiomatic usages of prepositions on pages 10 and 16 of the Einführung, and idiomatic usages of prepositions are often footnoted in your text.
Look at each of the following words in its context, then write in the space provided the preposition used with it.

1 verheiratet (7) mit
*(married to)*

2 ausersehen (11) von
*(designated by)*

3 freut sich (98) auf
*(looks forward to)*

4 stolz (110) auf
*(proud of)*

5 zukamen (167) auf
*(came up to)*

6 ging (195) über
*(went across)*

B Using the above expressions, translate the following sentences into German.

1 She is married to a judge. Sie ist mit einem Richter verheiratet.

2 He is married to an actress (Cf. line 8).

**Er ist mit einer (Film)Schauspielerin verheiratet.**

3 I am looking forward to the plant party.

**Ich freue mich auf die Betriebsfeier.**

4 Mr. Witty is proud of his two little girls.

**Herr Witty ist stolz auf seine zwei kleinen Mädchen.**

5 The boss came up to me.

**Der Meister (Chef) kam auf mich zu.**

C Review §5.4.1. If the reflexive is the only object of the verb, it is usually accusative. [For exceptions, see §1.3.2.] If there are two objects, the reflexive is the dative form. Rewrite each of the following sentences, using the subject given in parentheses.

1 Meine Frau freut sich auf meine Beförderung. (Ich)

**Ich freue mich auf meine Beförderung.**

2 Ich kann mir einen Wagen leisten. (Herr Witty)

**Herr Witty kann sich einen Wagen leisten.**

3 Er kann sich nicht helfen [§1.3.2]. (Du)

Du kannst dir nicht helfen.

4 Ich traue mir alles zu. (Wir)

Wir trauen uns alles zu.

5 Freust du dich nicht? (ihr)

Freut ihr euch nicht?

D Rewrite each of the following direct quotations as indirect discourse, using the subjunctive. [§12]

1 „Ich kann diese Verantwortung nicht tragen," dachte Witty.

Witty glaubte, daß er diese Verantwortung nicht tragen könne/könnte.

2 „Ich traue mir alles zu," sagte er vor sich hin.

Er sagte sich, daß er sich alles zutraue/-traute.

3 „Warum habe ich Angst?" fragte er sich.

Er fragte sich, warum er Angst habe/hätte.

4. Seine Frau wird ihm sagen: „Du kennst doch dein Fach!"

Seine Frau wird ihm sagen, daß er doch sein Fach kenne/kennte.

5 Sie wird ihn fragen: „Soll ein Halbidiot an deine Stelle treten?"

Sie wird ihn fragen, ob ein Halbidiot an seine Stelle treten solle/sollte.

6 Der Meister fragte Witty: „Freust du dich nicht?"

Der Meister fragte Witty, ob er sich nicht freue/freute.

7 Witty dachte: „Der Meister wird mich verstehen."

Witty glaubte, daß der Meister ihn verstehen werde/würde.

E What is the antecedent of "Der" in line 175? der Russe

Übung B

Name ______________________ Datum ______________

A Write in the space provided the antecedent of each of the following pronouns.

1 ihn (2) Kohlenstoff
5 sie (21) Ionen
2 Er (3) Kohlenstoff
6 es (23) Ion
3 sie (9) Stoffe
7 Diese (71) Orbitale
4 er (21) Kohlenstoff

B Rewrite the following extended adjective constructions as noun + relative clause constructions.

1 in den in der Natur weit verbreiteten Carbonaten (3)

in den Carbonaten, die in der Natur weit verbreitet sind,

2 in den von Lebewesen erzeugten Stoffen (4)

in den Stoffen, die von Lebewesen erzeugt werden,

C Rewrite the following noun + relative clause constructions as extended adjective constructions.

1 von Verbindungen, die Kohlenstoff enthalten (7)

von Kohlenstoff enthaltenden Verbindungen

2 solche Orbitale, die aus einer Verschmelzung eines 2s-Orbitals mit den 3p-Orbitalen hervorgehen (67)

solche aus einer Verschmelzung eines 2s-Orbitals mit den 3p-Orbitalen hervorgehenden Orbitale

D Each of the following statements is a paraphrase of a portion of the text. Find and write on the line provided the sentence or sentence part which expresses the same thought.

1 Kohlenstoff kommt in den zahlreichen Carbonaten vor, die in der Natur zu finden sind.

Wir finden ihn...in den in der Natur weit verbreiteten Carbonaten.

2 Zucker, Stärke, Cellulose und Eiweiß werden von Lebewesen erzeugt.

... in den von Lebewesen erzeugten Stoffen wie Zucker, Stärke, usw.

3 Wird Zucker, Stärke, Cellulose oder Eiweiß stark erhitzt, so verkohlt es.

Diese Stoffe verkohlen bei starkem Erhitzen.

4 Viele andere Verbindungen enthalten Kohlenstoff.

daß es...eine Fülle von Verbindungen gibt, die Kohlenstoff enthalten.

5 Im allgemeinen kann man die chemische Verbindung erklären, wenn man den Bau der Atomhülle ihrer Elemente versteht.

daß der Charakter der chemischen Verbindungen aus dem Bau der Atomhülle ihrer Elemente erklärt werden kann...

6 Man kann demnach den Charakter der Kohlenstoffverbindungen aus dem Bau des Kohlenstoffatoms erklären.

...suchen wir aus dem Bau des Kohlenstoffatoms seine Verbindungsmöglichkeiten herzuleiten.

7 Das Anfangselement der II. Periode ist das Lithium, das Endelement ist das Fluor; der Kohlenstoff steht in der Mitte dieser Periode.

Der Kohlenstoff steht dabei gleichweit vom Anfangselement der II. Periode, dem Lithium, wie vom Endelement dieser Periode, dem Fluor, entfernt.

8 Wenn die Elektronegativitäten der Elemente, die sich verbinden, ähnlich sind, dann kommt eine ideale kovalente Bindung zustande.

Eine ideale kovalente Bildung kommt...zustande, wenn die Elektronegativitäten der sich verbindenden Elemente wenig verschieden sind.

9 Wasserstoff und Kohlenstoff verbinden sich leicht, denn ihre Elektronegativitäten sind wenig verschieden.

Das trifft bei Wasserstoff...und Kohlenstoff...zu.

10 Als die Kristallstruktur des Diamants mit Röntgenstrahlen untersucht wurde, konnte man beweisen, daß die Orbitale des C-Atoms sich gleichwertig in 4 Richtungen überlappen.

Daß das C-Atom sich gleichwertig in 4 Richtungen durch Überlappung von Orbitalen betätigen kann, wurde auch durch die Untersuchung der Kristallstruktur des Diamants mit Röntgenstrahlen deutlich.

Übung B

Name ________________________ Datum ______________

A Review Einführung, pages 39 and 40, then rewrite the following active sentences as passives.

1 Der Bundespräsident ernennt den Bundeskanzler.

Der Bundeskanzler wird vom Bundespräsidenten ernannt.

2 Das Volk wählt den Bundespräsidenten.

Der Bundespräsident wird vom Volk gewählt.

3 Man darf das Briefgeheimnis nicht verletzen.

Das Briefgeheimnis darf nicht verletzt werden.

4 Das Staatsgrundgesetz schützt das Hausrecht.

Das Hausrecht wird vom Staatsgrundgesetz geschützt.

5 Nur der Bundeskanzler kann Staatsverträge abschließen.

Staatsverträge können nur vom Bundeskanzler abgeschlossen werden.

B Rewrite the following passive sentences as active constructions.

1 Die 54 Abgeordneten des Bundesrates werden von den Landtagen gewählt.

Die Landtage wählen die 54 Abgeordneten des Bundesrates.

2 Alle Differenzierungen in Ansehung der Geburt usw. wurden als unzulässig erklärt.

Man erklärte alle Differenzierungen in Ansehung der Geburt usw. als unzulässig.

3 Jedes der neun Bundesländer wird von einer Landesregierung verwaltet.

Eine Landesregierung verwaltet jedes der neun Bundesländer.

4 Ohne Zustimmung des Parlaments kann eine Kriegserklärung nicht ausgesprochen werden.

Ohne Zustimmung des Parlaments kann man eine Kriegserklärung nicht aussprechen.

5 Jedes im Nationalrat beschlossene Gesetz muß dem Bundesrat zur Genehmigung vorgelegt werden.

**Man muß jedes im Nationalrat beschlossene Gesetz dem Bundesrat zur Genehmigung vorlegen.**

C Rewrite each of the following extended adjective constructions as a noun + relative clause. [§14.1 and Einführung, page 92]

1 (kraft) eines richterlichen, mit Gründen versehenen Befehles (26)

**(kraft) eines richterlichen Befehles, der mit Gründen versehen ist,**

2 Die zur Anhaltung berechtigten Organe (27)

**Die Organe, die zur Anhaltung berechtigt sind,**

3 Jedes im Nationalrat beschlossene Gesetz (74)

**Jedes Gesetz, das im Nationalrat beschlossen wird,**

4 aller ihnen unterstellten Organe (112)

**aller Organe, die ihnen unterstellt sind,**

5 der vom Landtag gewählte Landeshauptmann (118)

**der Landeshauptmann, der vom Landtag gewählt wird,**

Übung B

Name ______________________ Datum __________

A Prepositions are tricky to translate because their usage is highly idiomatic in both English and German. Look at each of the phrases below in its context and translate it into idiomatic English.

1 durch chemische Mittel (24) by means of chemicals

2 Bei der chemischen Schädlingsbekämpfung (31)

In chemical pest control

3 nach der Anwendung (35) after the use

4 von denen (54) of which

5 zur biologischen Bekämpfung (58) for (purposes of) biological control

6 gegenüber ihren Beutetieren (74)

as compared with their prey

7 zu den beiden letzten Möglichkeiten (81)

about both of the last possibilities

8 nach gewisser Zeit (84) after a certain time

9 unter normalen Bedingungen (88) under normal conditions

10 zum Beispiel (95) for example

11 auf einen oder wenige Schädlinge (102)

to one or (a) few pests

12 von mehreren schädlichen Tierarten (103)

on several destructive species

13 zu allen Zeiten (104) at all times

14 Bei Beginn (105) At the beginning

B After certain verbs a dependent infinitive has "zu"; after others (e. g. the modal auxiliaries) "zu" does not occur. Write the infinitive connected with each of the following verbs in the space provided; when "zu" is required, underline it.

1 kann (6) werden

2 versucht (19) zu verhindern

3 müssen (20) werden

4 gilt (21) wiederherzustellen

5 bemüht sich (25) a durchzuführen b zu schädigen

6 ist (29) zu vernichten, zu schonen
7 kann (31) erfolgen
8 muß (48) eingreifen
9 ist (81) zu sagen
10 vermögen (89) aufrechtzuerhalten
11 würde (97) dauern

C Review Einführung, page 65. In the following sentences or phrases, underline the adverbs (not the adjectives). Translate all sentences into English. (Note that in the footnotes you are usually given the adjective form in English, even in cases where the word is used as an adverb.)

1 Das Gleichgewicht wird allmählich wiederhergestellt. (13)

The equilibrium is gradually restored.

2 Es besteht die Gefahr, daß die Schädlinge sich in kurzer Zeit außerordentlich vermehren. (17)

The danger exists that in a short time the destructive insects (will) increase exceptionally (extraordinarily).

3 Der Mensch bekämpft die Schädlinge durch chemische Mittel. (24)

Man controls the pests by means of chemicals.

4 Bei gleich starker Vernichtung von Schädlingen und Nützlingen nimmt die Zahl der Schädlinge viel rascher zu als die der Nützlinge. (38)

In (the case of) (an) equally severe destruction of pests and useful insects, the number of pests increases much faster than that of the useful insects.

5 Bei starker Schädlingsvermehrung muß der Mensch mit chemischen Mitteln eingreifen, am besten mit auslesend wirkenden Präparaten. (48)

Man must intervene in (the) heavy increase of pests with chemical means, best of all with preparations which work selectively.

Übung B

Name ______________________________ Datum __________

A Rewrite each of the following direct quotations as indirect discourse, using the subjunctive. [§12]

1 Die unbegreifliche Stimme klang: „Geh nicht durch diesen Wald, Jüngling!"

Der Geist sagte, daß der Jüngling nicht durch diesen Wald gehen solle/sollte.

2 Die Stimme erklärte: „Dein achtloser Schritt hat einen Wurm zertreten."

Der Geist erklärte dem Jüngling, daß sein achtloser Schritt einen Wurm zertreten habe/hätte.

3 Der Jüngling entgegnete: „So bin ich hundert- und tausendfach schuldig."

Der Jüngling entgegnete, daß er hundert- und tausendfach schuldig sei/wäre.

4 Der Geist fragte: „Sahst du den bunten Schmetterling?"

Der Geist fragte, ob er den bunten Schmetterling gesehen habe/hätte.

B Rewrite each of the following relative clauses as an independent sentence, using the antecedent of the relative pronoun in your new sentence. Begin your sentence with the subject.

1 den ihm jene Warnung verkündigen mochte (15)

Der unbekannte Feind mochte ihm jene Warnung verkündigen.

2 den zu verhüten dein Wille war (79)

Dein Wille war, den Mord zu verhüten.

3 der eine Weile zu deiner Rechten flatterte (84)

Der bunte Schmetterling flatterte eine Weile zu deiner Rechten.

4 die den königlichen Park umschließen (89)

Die goldenen Gitterstäbe umschließen den königlichen Park.

5 dem ich nun doch als dem Stärkeren mich beuge (140)

Dem Geist beuge ich mich nun doch als dem Stärkeren.

C Using grammatical structures and vocabulary from the following sentences — but in new combinations —, translate the English sentences into German.

1 Ein Jüngling wanderte den winkenden Bergen zu. (1)
Geh nicht durch diesen Wald, Jüngling! (7)
A youth was hiking toward a forest.

**Ein Jüngling wanderte einem Wald zu.**

2 Ein starrer Gipfel richtete sich als letztes hohes Ziel auf. (21)
Er stand endlich der Felswand gegenüber. (33)
He finally stood opposite the rigid mountain top.

**Er stand endlich dem starren Gipfel gegenüber.**

3 Er hatte sich vorgenommen, die Felswand zu bezwingen. (34)
He had intended to conquer the mountain.

**Er hatte sich vorgenommen, den Berg zu bezwingen.**

4 Er hatte den Fuß auf das kahle Gestein gesetzt. (34)
Unter den letzten breiten Ästen ließ er sich zu kurzer Rast nieder. (19)
He had sat down for a short rest on the bare rock.

**Er hatte sich zu kurzer Rast auf dem kahlen Gestein niedergesetzt.**

5 ... als wär' es eben seine Absicht gewesen, ... (53)
... bis er die Zweifel nicht länger ertragen konnte, ... (129)

a ... as if he could no longer bear the doubts ...

**...als könnte er die Zweifel nicht länger ertragen...**

b ... it had been his intention ...

**...es war eben seine Absicht gewesen...**

D Answer the following questions from the footnotes.

1 Line 62: Sterbliche: Singular or plural? **plural**

2 Line 66: dessen: Antecedent? **Leben**

3 Line 122: dalag: Infinitive? **daliegen**

4 Line 124: Schauer: Singular or plural? **plural**

5 Line 168: die: Antecedent? **Nächte**

Grammar Reference Notes, Einführung, pp. 121-163: List of Contents